U0910525

向死而爱

[德]黄梅 著

天地出版社 | TIANDI PRESS

图书在版编目（CIP）数据

向死而爱 /（德）黄梅著 . —成都：天地出版社，
2018.5

ISBN 978-7-5455-3450-4

Ⅰ . ①向… Ⅱ . ①黄… Ⅲ . ①女性 – 成功心理 – 通俗
读物 Ⅳ . ① B848.4-49

中国版本图书馆 CIP 数据核字（2017）第 309309 号

向死而爱

XIANG SI ER AI

出品人　杨　政
著　者　[德] 黄梅
责任编辑　陈素然
封面设计　今亮后声 HOPESOUND pankouyugu@163.com
电脑制作　今亮后声 HOPESOUND pankouyugu@163.com
内文插图　曲　音
责任印制　葛红梅

出版发行　天地出版社
（成都市槐树街2号　邮政编码：610014）
网　址　http://www.tiandiph.com
http://www.天地出版社.com
电子邮箱　tiandicbs@vip.163.com
经　销　新华文轩出版传媒股份有限公司

印　刷　河北鹏润印刷有限公司
版　次　2018年5月第1版
印　次　2018年5月第1次印刷
成品尺寸　165mm×235mm　1/16
印　张　15.75
字　数　210千字
定　价　39.80元
书　号　ISBN 978-7-5455-3450-4

咨询电话：（028）87734639（总编室）
购书热线：（010）67693207（市场部）

导师李泽厚先生题词

这是你最了不起的地方，一个小湘妹子，赤手空拳，跑到德国，异国他乡，一无所有，没有钱，又得了病，经历了婚变、癌症等，凭你的勇敢和执着，不仅保住了你这条小命，而且你至今保持了旺盛的热情、理想和天真。我很佩服。你打败过死亡，希望你出书，也是无往不胜。

李泽厚 著名学者

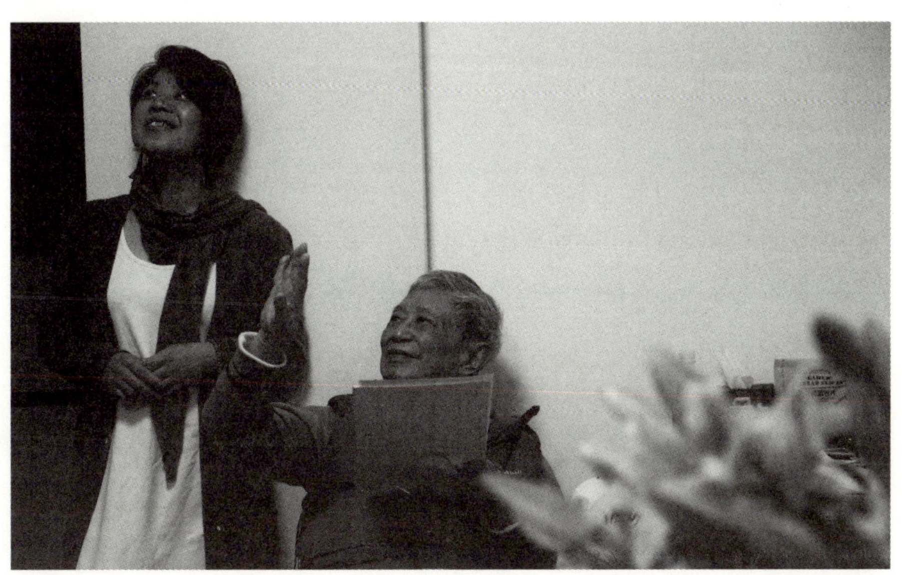

2017 年，我的导师李泽厚先生快 88 岁了，他从美国回京的时间不长，却专门抽出时间，认真阅读我的书。和导师聊天、讨论，在一起的时光变得尤为珍贵。

推荐语

黄梅不再隐藏，她向读者袒露真实的伤痛和她对生活的热爱。在她的书中，我们航行在不安的、未知的海面上，我们的双桨不断划在深处的黑暗与艺术的神奇发现之间。

朱莉特（Juliette Montier）法国女艺术家，色彩女神

黄梅女士的书让读者强烈地感受到一位独立女性的巨大力量。她的生活出现了两个巨大挑战：晚期癌症与母亲的责任。这本书特别让我感动的是作者寻求个人救赎的途径。实现自我以及自由选择的过程是非常艰难的，特别是对于女性而言。

我们是一致的，我们把艺术作为一种救赎的手段。艺术魔力的维度是建立在对世界的主观感受上的，这与美的概念具有相对客观性相反，它是精神的，它深藏在人性中，可以通过艺术被唤醒，从而使我们获得救赎。

葆拉（Paola delvescovo）
资深艺术家，意大利那不勒斯美术学院教授

这是一位心灵强大、与音乐相连、不屈服于命运的女性感人的自传。

她 16 岁上了著名的北京大学，23 岁获得硕士学位并得到大学教职，她的命运蓝图似乎很美！

但命运就像令人忐忑的过山车。矛盾的是仅仅成为妻子与母亲或投身于研究与艺术，她不可能做出最终的决定。

她刚开始职业生涯，她甚至还不知道路在何方、她是否还要继续的时候，命运的打击却来了：癌症晚期！面对这种打击，强者都可能会倒下。

一本引人入胜的书，一本启发人并让人感同身受的书，它讲述了一位非常坚强、智慧而知性的女性，她不屈服于癌症，尽管困难重重，情感纠结与疑虑，但是仍然坚持着她的追求。

一本能让人不寻常地深刻洞察黄梅女士心灵的书。她是一位我很佩服的女性，她的世界开放性、她丰富的想象力与创造力带给众多不同年龄的人令人震撼的难忘经历。我感到幸运，我们能在人生的十字路口相遇相识！

海蒂（Hedy Fussnegger）
德国手风琴总会副主席

生活在另一个国家，患了癌症，离婚了，并抚养大一个孩子是不容易的！

艺术在具有其他作用的同时也具有疗伤的作用。

梅的写作给了她深度需要的第二人生，给予了她正能量，让她生命前行，并充满意义。

弗洛斯（Floros Floridis）希腊自由爵士之父，跨界艺术家作者的生命图画就像一条不断涌动且不断变化的河流，总是勇于接受新的变化或者做出新的决定。

梅，你的书深深打动了我。不知你有什么巨大的内在力量使你坚定地前行，并不断获得对自由的新的认知。就像黑塞说过的："法师会在每一个开端给予我们保护，给予我们帮助。"我很高兴认识了你并能够和你分享一部分生命的旅程。

梅尔茨（Sonja Merz）柏林欧芬尼亚手风琴乐团指挥

一本让我们深受感动的书，它告诉我们，我们的身体和心灵都很脆弱。但它也告诉我们，如果抗争，我们也能很强大。本书的特殊价值在于其真实性。它要求读者潜心去读，以便认识其深度。这是一本非同寻常的书。

迪特和玛格丽特夫妇（Dieter，Margret）
德国国家科学研究院的两位研究员，探戈舞者

我们认识的梅，有一种特殊的人格，始终具有优雅光环的气场和对艺术极高的感悟。她用激情和闪闪发光的精神力量将其他人也带进艺术。在这本书中，你将会读到她引人入胜又感人的生活故事，这些故事同时也给人希望，告知人们，即使是最严重的命运打击也能被克服。

简碧青和法比安·穆勒夫妇（Pi-Chin Chien & Fabian Müller）
简碧青，台湾瑞士籍大提琴家，获总统颁发奥托皇帝勋章，Confluence Festival 音乐总监。法比安·穆勒，瑞士著名作曲家，获瑞士文化部提名"瑞士音乐家奖"

黄梅的书是一段追求内在的漫长旅程：一个女人寻找自身力量、寻找自身生活意志的旅程。作者通过色彩丰富和诗意般的画面描述她一站一站的人生旅程，从一个受伤者到一位积极的、充满创造力的女性。这本书帮助我们认识到，我们生命的力量就存在于自身，艺术可以是复杂的人生存在问题的一种答案。黄梅的力量和求生意志是女性真正解放的一个范例。

珍妮·米瑞菲教授（Prof. Jeanine Meerapfel）
德国著名编剧、导演

黄梅，她是痛苦中生出的美丽，她是超越了痛苦的美丽。

谢尔盖·道茨（Sergey Dozhd）
俄罗斯艺术家，俄罗斯艺术科学院院士

芳华年纪我们在北京大学四年同窗，黄梅总是热情奔放，喜欢折腾。大学毕业，她选择了美学，我选择了经济学；今天她成了国际艺术使者，我成了教育工作者。不同的领域，但我们都在追求美——人类心灵的美。黄梅的经历再次告诉我们，生命之所以美丽，不是因为结果，而是因为生命的过程：对美的坚守，对爱的坚守。

徐信忠
北京大学光华管理学院教授，北京大学深圳研究生院副院长

“春蚕到死丝方尽，蜡炬成灰泪始干”，这是至死不渝的追求，刻骨铭心的爱。对事业的不懈追求，对爱人无尽的爱恋，对孩子深沉的情怀，都是黄梅女士以生命为代价来实现的。在命运的迎头痛击下，她伤痕累累，却没有丝毫的退缩，用女性柔弱的双肩，担当起命运的重负，一步一步地艰难前行，最终实现爱的目标与理想。我们为她深深地感动，一个平凡的女性显示出力量的感召、母爱的光辉和诗人的意志。

易英 中央美术学院教授，当代艺术著名评论家

“向死而爱”！像壮丽的誓言引导我们走进黄梅的传奇经历：她的情和爱，勇气和自尊，奋斗和思考都已很不寻常，而只有当她面临生死考验而浴火重生之后，才有今天让生命重放异彩的、可爱可敬的黄梅。

其实生命是十分脆弱的，很多人还认为命运是身不由己的。黄梅的经历却告诉我们：不能选择生和死，但能决定怎么爱，怎么活，选择什么生活方式！黄梅面对死亡做出最了不起的选择：让她的生命变得更加美丽！黄梅是浸润了东方传统血脉的独立女性，她又能张开双臂拥抱人类文化精华。她深爱亲人，深爱自然，也深爱艺术……爱，才是使心灵强大、战胜死亡的力量。这就是我们今天看到的充满生命激情的黄梅。她的故事也是生命的启示录。

何韵兰

资深前辈艺术家，艺术教育家，北京女美术家联合会创会会长

目录

上部 命运将我推入绝望

第一章 我以为你会死

第二章 成为单亲母亲

第三章 还敢再爱吗?

中部 曾经的幸福时光

第四章 钢琴与爱情

第五章 那场跨国恋

第六章 与吉姆的婚姻生活

下部 向死而爱

第七章 走出癌症

第八章 吉姆和坦坦

上部

命运将我推入绝望

第一章

我以为你会死

冬天，柿子树掉光了叶子，橙黄色熟透的柿子挂在树上很特别。2000 年那个冬天，36 岁的我像一个冬天的柿子，从没有叶子的大树上摔到了地上，“啪”的一声烂如一摊泥。我被推上了晚期癌症的手术台……

手术之后，我的命被保住了，但我该怎么继续活下去，医生却不能告诉我。我不能再生孩子了，还能不能再做爱我也不知道。

大手术之后，我失血过多，一直处于昏迷状态。我的前夫吉姆来看我，他冰冷的泪水落到我的胳膊上，我醒了，听到了他呜呜的哭声：梅，我以为你会死……

36 岁突患绝症

我的真正人生，是从患晚期癌症后又成为单亲母亲开始的。

当我感悟到这一点，已经过去了很多年，于是我就写下了这本书。

2000 年，无论是年初还是年尾，钟声都响个不停。这一年，所有的钟声都被命名为新千年的钟声。我，16 岁考上名校北京大学，20 岁考上著名导师李泽厚先生的硕士生，硕士毕业后，我顺利到联邦德国留学，第一个让德国教育部承认我中国全部学历而直接攻读博士，以最优成绩拿到了德国博士学位，接着生下了一个胖胖的可爱的儿子。2000 年，德国第一次举办世界博览会，总统夫人亲自给了我一份特殊的工作。这一年，正好是我 36 岁的本命年，我属龙，龙是中国的图腾，象征着智慧、勇猛和胜利。这一年，我被所有的钟声牵引着，被所有的钟声鼓舞着，被所有的钟声追击着，苦干了整整一年没有休息一天，为儿子和自己第一次挣下了一小桶金。

年底，我获得的却是一份晴天霹雳的生日礼物：一纸医生诊断书，直肠癌晚期、淋巴转移、肝脏上布满小肿瘤。

太年轻！医生们都叹息不已。

为了挽救一个年轻的生命，12 月 18 日，赶在圣诞节前，医生们为我实施恶性肿瘤和直肠彻底切除的大手术。德国的医院不允许亲属住院陪同，但手术后我流血不止，主治医生有些慌了，让护士通知我的亲属。护士说住院登记时就问过了，这位女患者在德国只有一个儿子，一岁多一点，没有其他亲属。

我处在昏迷中，如同被放入了一艘船，白衣死神静立于船首，任船驶向死亡之岛。

乌云滚滚，黑浪滔天，死亡之岛上峭壁狰狞。

但是过往，在成长之路、在爱之途已经积聚的力量，像强光射穿深沉的夜幕，使我全身心迸发出呐喊，要坚定地活下去。

不、不，船，应该驶向生命之岛……

峭壁上，应该长出生命之树……

幻境中我奋力扭动身躯，拼命挣扎，但是现实中我既动弹不了，也发不出声音。

不知过了多久，我感到手臂发凉，苏醒过来，我看见了吉姆，他站在病床前，手里捧着的一束花在晃动。但是这个人，既不是丈夫，也不能只称为朋友，更不是我的血缘亲属，他偏偏是我的前夫。一年多前我生下了一位中国人的孩子，和吉姆离婚了。

羞愧甚至羞耻、怅然而又无奈，我微微一笑马上别过头去，免得吉姆看到我正往眼眶涌的泪水。此时我除了别过头，也没有其他办法，两只胳膊上都插满了管子、针头，泪水流出来没法抬手擦。

哪知我强忍着不哭，却听到吉姆呜呜地哭，声音断断续续："梅，梅，你醒来了，我以为你会死……"听到这话，我全身的每一根神经每一个细胞都彻底苏醒了，彻底活了，气愤直往上涌，取代了羞愧、羞耻和其他，我转过头面对着吉姆，不在乎他看到我的泪水，居然发出不小的声音："梅，梅，你除了会这么亲密地乱叫我的名字让我羞愧，你就只会说蠢话，我怎么会死，怎么能死，坦坦这么小。"脱口而出说到儿子，我抬眼看看吉姆，无法再说下去，无力地闭上双眼。

我以为你会死

躺在医院的病床上我真怨，怨恨命运。

怎么是我？这么年轻患癌症的怎么偏偏是我？

吉姆来医院看我，他说以为我会死。我闭上了眼睛，耳边却回荡起吉姆数年来梅、梅的各种呼唤声。因为我给吉姆讲过故事，我在寒冬出生，妈妈生我的那天，窗外一片梅树都开了花，爸爸就给我取名梅。父母第二个孩子还是女儿，后来妈妈怀了第三胎，做流产手术之前医生告诉妈妈是个男孩，留下来吧。但是父母决定全力抚养两个女儿，不要第三个孩子了。一定是从那个时候起，父母就决定把我这个长女或多或少当男孩来培养，所以把我名字的意义都强化了，从小我就被爸爸耳提面命：梅，天生就是冬天不畏严寒盛开的花，爸爸希望你一生像梅花一样不畏艰难，傲雪盛开。吉姆曾经是我的男朋友，后来又成了丈夫，他听了有关我名字的故事，也喜欢上梅花，喊我的时候，经常温柔地提着嗓子用第二声喊梅、梅，偶尔急的时候，就变回了德国人发音习惯的第四声，喊成了妹、妹，或者颠三倒四地喊梅、妹，梅妹，喊得我有些欢喜也有些心烦。

闭着眼睛，我想，人之将死，其言也善，看来我还不会死，因为我言又不善了，我还对着吉姆吼叫了，甚至还有气愤。我的气愤，一定藏得很深，很隐秘，多数时候被我掩饰得很好，别人不会知道。

我小时候得够了病，3 岁得过胸膜炎，4 岁得过肺炎，胸膜炎、肺炎来得快去得也快，但是我 5 岁在幼儿园又被传染上肝炎，肝炎好起来就没有那么快了，间或几年复发一次，而且直到中学我的肝都是肿大的状态。惹妈妈生气的时候，她说我：你怎么就不得脑膜炎呢？我宁愿你得脑膜炎，其他别的“炎”（盐）都别得，都省着给我做菜用。我宁愿你得了脑膜炎脑子笨一点，别的“炎”没得身体好一点，我就少操了好多心，身体少受好多累。我小时候，妈妈经常抱着我上医院看病。可是我不仅没有得脑膜炎，脑子还好使得很，小学、中学一直成绩第一，但妈妈没有觉得我多了不起，我的成绩本她也不看，倒是老看我的病历本，妈妈把我所有的病历本都收藏得好好的，说今后凭着这些厚厚的病历本我也许不用去农村插队，那她抱我、背我看病才没有白费力气。哪里知道 1977 年恢复高考了，等到我中学毕业参加高考，妈妈慌了，把我所有的病历本一把火都烧掉了，生怕因为有病史，女儿高考体检通不过，好像烧掉了病历，女儿就从来什么病也没有得过似的。好在女儿还争气，不知不觉中已经长成健康的大姑娘，高考体检一次性通过，上了北大。妈妈又说，你小时候得过足够多的病，有足够的免疫力，今后什么病也不会得了。是啊，我上了北大，身体越来越好，成绩也不错，又考上了研究生，研究生毕业又出了国，出了国又获得了博士学位，获得了博士学位我才开始工作，工作挣钱了才能孝顺父母，才敢生儿子，转眼我 36 岁了，儿子才一岁多。

怎么就是我得癌症啊？！我真怨。

此时此刻，我刚从手术的昏迷中醒来，被满身的管子、瓶子装得紧紧的，被缝伤口的线锁得密密的，我的潜意识里有怨气，但是我自己也未必知道。这个吉姆，他跑来了，来了第一句话就说以为我会死，把我心底的怨气马蜂窝般捅破，让我的怨气直往上冒。

吉姆知道吗？我不仅有怨气，我还有恐惧，极大的恐惧。

拿到癌症诊断书之后，我还去做了各种各样提心吊胆的检查，随着进医院的次数一次一次增加，随着医生让我做的各种检查一项一项地进行，随着我对这个病情一点一点地了解多了，这个病的影响、后果就一步一步清晰起来，我的内心也就越发沉重了。胸肺拍片子那天，我上身光着在暗室里被仪器推来推去，平时检查身体可能不觉得，但是那天我很紧张。健康时在大自然中裸体晒太阳、裸体拍照片，我觉得身体是一种美，如今病了，脱得光光的，身体被现代文明仪器扫来扫去，我觉得屈辱、丧气，又无可奈何、无能为力。结果出来了，医生告诉我胸肺没有癌细胞转移，我连声对医生道了好几声感谢，但是心情却没有轻松多少，因为过两天还要做 CT 检查肝脏。我突然有一种逃得过初一、逃不过十五的感觉，因为小时候就得过肝炎，而且复发过几次，拖的时间最长。

过了两天，肝脏 CT 检查，结果是：肝脏上布满小肿瘤。

医生说，如果我肝脏上的癌病转移是一小块，可以在做直肠手术时一起切除，但是我的转移布满全肝脏，不能切除。

我是癌症晚期，不仅淋巴转移，而且还转移到肝脏了，这样的诊断结果如断臂山上的一块大岩石砸向我。

手术前的日子，我每天晚上都趴在电脑上查资料，什么是大肠、小肠、直肠、十二指肠，什么是癌症早期、二期、三期、四期，什么是癌症转移、肝脏转移，什么是放疗、化疗等，我似懂非懂。但其实有一项我翻来覆去最关心，因为医生说我的肿瘤位置很不幸，离肛门只有七八厘米，手术保住肛门的可能性不大。这就是说，手术时，为了确保干净彻底，直肠底部连肛门要全盘端掉，这对我来说如晴天霹雳，甚至比癌症本身还难以接受。我发疯地打电话到国内北京、上海、广州的医院咨询，有时也会得到希望："不用全部切除，即使切了也可以重新放回去。""回国到我们医院来做手术吧，国内手术的临床经验丰富，而且便宜。"

我感到极其恐惧，一天中总会有好几次不由自主地伸出双臂求助，又茫然地收回空空的握紧的双手，因为我在德国除了一岁半的儿子，其他的亲人一个也没有。

手术前我去找主治医生，他不在办公室，一个年轻的医生接待了我。我央求年轻的医生为我保住肛门，并问医生我的癌症转移布满全肝脏，不能切除，怎么办？

医生安慰我："您还这么年轻，相信我们，会尽一切可能保住您的肛门。肝脏上无数的小癌块，不能切除，我们也有办法，手术后做化疗把那些肝脏上的小肿瘤都打掉。"

年轻医生的神态表情好轻松，话真好听，这产生了奇妙的效应。手术的前一天晚上，我跑到电影院看了场电影，并在电影院里拍了一张照片，照片上的我前所未有的苗条，楚楚动人，因为查出病症后我已经连续几个月便血，我的体重剧减。

手术前我除了极大的恐惧之外，还坚守着希望。

我从来不相信我会死，如果我以为我会死，我真的还能那么潇洒去看电影吗？

吉姆怎么就以为我会死，而且说出来，直愣愣，傻乎乎的。不像中国人会想了不说，或者说的与想的相反，或者干脆不想。

而吉姆偏偏想了，想了还说了。

吉姆是我的前夫，我嫁给他时已不年轻了，快三十岁了，我认定自己成熟了，吉姆就是最适合做我丈夫的人，可是我却和吉姆离婚了。"终生痛苦的将会是我，甚至我要为之付出生命，这次得病就是征兆和警告。但是这种报应只能我自己这么想，难道吉姆也这么想，他怎么能说以为我会死？"躺在病床上的我这么认为。这种蠢话只有吉姆说得出，一如他从恋爱到婚姻的若干年中对我说过的蠢话，比如结婚的时候不让我叫婆婆为妈妈，他说她妈妈已经有 4 个孩子了，太多了，我再叫他妈为妈妈太好笑。又比如婚后谈到要孩子，吉姆说，和我生的孩子要是一条缝的眯眯眼也好笑。好笑，好笑，是我的想法好笑，还是他的观念愚蠢，净说蠢话，这也是我们离婚的一个原因。但是吉姆曾经是那么爱我，一定要和他离婚吗？现在我大病了，我原谅了吉姆并痛恨自己。吉姆不是我的丈夫了，不是我的亲人了，也不是我儿子的父亲，但是他在我手术后仍然抱着鲜花来看我，他的泪水把我从昏迷中唤醒，不过他说出口的第一句话依然让我气愤。

我这么气愤地想着吉姆，就不愿意睁开眼睛看他。

我又听到吉姆的声音："梅，你是梅花，现在梅花正开，你一贯很坚强，你要快快好起来。你说得对，你有坦坦，你的儿子，他还很小，他需要妈妈，需要你。你喜欢花，你看，我今天特意给你带来了梅花，我好久没有买花了，没有你我就不需要买花了，花店还有一些以前从没有过的新花品种，我都会给你买。还有书，你喜欢读书，但是你现在还不能读，下次来看你时，我给你带书，读了书你一定会坚强起来。"

对，儿子、鲜花和书，我听了吉姆的话感到一种渴望，一种重返生命的渴望，全身流过温馨感，我觉得这种温馨感就是生命复苏感。没有我，吉姆就不需要买花了，这种话他也说得出。这种话曾经让我幸福，如今却让我难堪，我希望吉姆说还会为我弹钢琴，但是吉姆没有说，其实吉姆从来没有说过为我弹钢琴。我的生活中曾经有几个男人说过为我弹钢琴，但是都没有弹，浪漫的感觉成了终身不真实的幻觉。吉姆在我生命中的几年，把钢琴弹入了我的血液里，但是吉姆从来没有说过是为我弹，他从来就是为自己弹。我和吉姆离婚后的第一件事就是去买了一架钢琴，即使自己只会弹最简单的曲子，重要的是家中某个固定的位置立着一架钢琴。

吉姆走了，我没有睁开眼也能想象到他颓丧的背影。吉姆一米八五的个头，挺拔时像贾科梅蒂的雕塑，才一米六零的我觉得他高不可攀。颓丧时吉姆的肩膀会突然滑落下去，而且滑落得很低，他的整个背就立刻没型了，一个在我的眼里王子似的人儿立刻就会变得很难看。我知道，吉姆以为我会死，就颓丧了、失落了、肩膀滑落了、背没型了、很难看了，这个我不用睁眼也能想象到。我曾经准备用我的一生来使吉姆挺拔，让我永远仰望他，让他永远高不可攀。

那种感觉真好。

但是我没有做到，我们离婚了。

第二章

成为单亲母亲

有人说，女人的第一部小说都是写自己。张爱玲、萧红、波伏娃、杜拉斯……古今中外，概莫能外。我第一部出版的小说《结婚话语权》，读者统统知道作者就是书中的那位梅林，第二部也逃不出自我，想要编都逃不出笼子，所以最后我干脆正本清源，摘下面具，把故事中的主角还原成我。故事中的人都健在，因为所写都真实，可以对簿公堂。其实写的目的，就是想和自己、和故事中的人一起直面灵魂。尽管如此，对于这一章的故事，我真的是写了又删，删了又粘贴上……连我自己都不相信它是真实的。

每个人的内心总是深深埋藏着一些东西，这些东西埋得即使不像给自己挖了个坟墓那么深，也能把自己埋个半截，爬出来需要漫长的时间，要最老大的劲儿。关于儿子的父亲云、关于我的亲妹妹和云的关系、关于患癌症的前前后后一些最难动笔写的东西，岁月的尘沙，抖落了十几年，我才在电脑上将它们敲打出来。

创造生命

和吉姆的婚姻，可惜没能克服文化的差异，没能跨过德国的经济危机。

我在人生慌不择路的时候陷入了云的情网，陷入情网的女人都会给自己的行为找借口，都会奋不顾身，我也一样。我决定和云生一个孩子，这是抽刀断水，彻底断了我和吉姆的婚姻。我做出这个决定是在 1998 年 9 月 25 日，星期五，德国总理大选的前两天，社会民主党的最后一场选举集会上，我被激情淹没了，我要砍掉吉姆和我的小资优势，断了自己的后路，我要和一个一无所有的中国人生一个孩子，一起从零开始奋斗。

我在怀孕的时候，就写日记向肚子里未来的孩子坦白：孩子，你存在于妈妈生命中第四五天的时候，妈妈已经在感受你了，妈妈的腰部发酸，下腹部隐隐有奇异的感觉，妈妈琢磨着，这是生命在形成还是擦边而过？过了一些天，医学证实了你的存在，你果然没有辜负妈妈固执的愿望，在妈妈 34 岁生日之前到达了。你不能想象，为了创造你，你的爸爸是多么卖力，而妈妈是怎样充满信心与渴望地迎接你的到来，你的爸爸和妈妈狂热地相信我们创造生命能一次性成功，而为了那个创造的日子，你的爸爸乘火车 600 公里和妈妈在旅途中相会，从柏林赴法兰克福，又去波恩。你是生活不可思议的奇迹结晶，因为你爸爸和妈妈在创造你的那几天仍然在赌气、吵架，这里妈妈老实地记下你父母的事情，当你长大后知道了也许会取笑，也许会借鉴。

妈妈和爸爸是热恋中的情人，相约创造生命，我们在高级宾馆中相聚，共进晚餐，为了庆祝你的即将到来，妈妈还浪漫地点了一瓶法国红葡萄酒，可是谁来为这瓶浪漫的红葡萄酒付钱？你妈妈和你爸爸怄气了，你爸爸是个边打工边攻读学位的穷学生，他知道妈妈收入比他高，因为妈妈那时已经把博士学位拿到手，在全职工作了，他认为点这瓶红葡萄酒是妈妈奢侈，应该妈妈付款，而妈妈感觉自己是个女人，在热烈而奋不顾身地接受一个男人并将承载一个生命，未来的母亲该受到宠爱，你的爸爸应该像个绅士一样付款。法国红葡萄酒温暖热烈，喝完了，你爸爸可能已不再生气，激情满怀，可是妈妈整个晚上依然不能完全克服女人的伤心。

还有，第二天晚上，你爸爸又去见另一个女人，虽然完全是工作与熟人关系，但是妈妈仍然怄气，因为那几天，妈妈白天都还在辛苦工作挣钱，为你的即将到来打下经济基础。妈妈把迎接你的到来所需要的费用基本都积攒下来了，计划一旦获知你的存在，妈妈就不上班了，开始全职对你进行胎教。

在这几个创造你的特殊日子里，妈妈希望你爸爸晚上只殷勤地等着妈妈，和妈妈一起期盼着你的到来，你和爸爸妈妈三个人的团聚才是至高无上的。看来你的爸爸没有领悟到你即将诞生的奇迹，他没有像妈妈一样把这件事看得至高无上，他去见别的女人了，尽管只是工作关系，但妈妈依然感到委屈与伤心。今后如果你是个男人，你怎么看怎么做呢？

你看，你的父母在一起创造你的时候也是怄气的，他俩唯一舍不得放弃的就是你。

向死而爱

很多年过去了，我翻看了自己当年的日记，更明白了命运的轨迹。其实当时的我，和吉姆以及吉姆一家小资生活多年了，即使我陷入了情网奋不顾身，我也依然不能马上改变我自己，因为我已经做吉姆的小资太太习惯了，并不能适应穷学生云，而云也无法马上改变他的脾性来适应我。

时间在我和云的赌气争吵中过得很快，1999 年 7 月，儿子坦坦出生了，而我的积蓄也快用尽了。幻想给儿子进行全方位幼教的我没有经济基础，给儿子喂了三个月的奶就重新踏上了挣钱的出差旅途。

事实上，儿子一落地，怀孕的大肚子一空，我觉得自己能出门了，第一件事就是给柏林市政厅外事办的负责人写信，询问是否有中德文化交流的项目。市政厅的负责人很欣赏我，邀请我去会谈，并推荐我做德国世博会的青少年文化项目。

2000 年，坦坦的父亲云和我，通过德国世界博览会青少年项目，共同挣下了第一小桶金。梦想挣大钱的云，用那一小桶金起步，在中国开起了公司，搬进了豪华办公大楼。云的事业发展起来了，在异国他乡，我有了生存立足点，而且坦坦一岁多，虎头虎脑惹人爱，这些都给了我无限希望。

2000 年，我在柏林除了工作就是带儿子，很少有其他活动，但感觉很满足。可是年底世博会落下帷幕的时候，我就大出血了，打电话让儿子的父亲云回德国，云在中国正准备和众多朋友在一条大船上过浪漫的圣诞节，他听到我患病即将大手术的消息，第一反应竟然是：不就是直肠癌吗？你总是把自己看得很重要。后来，云虽然不情愿，但还是赶回了德国。

手术的前一天晚上，云陪我去看电影，在电影厅门口我留下了一张照片，后来我看到照片上的我身材窈窕，少有的苗条，因为手术前我不断大出血，体重剧减，瘦了十多公斤。

上手术台前的那个晚上，爱、爱、亢奋地爱，我有点痛，但是我不理会，直肠中的肿瘤被挤压了，鲜血染红了床单，一层一层向远处、向深处渗透。恍恍惚惚中我记起第一次来经血，染红了洁白的裙子，透湿了教室的木凳子，一滴滴落在光滑的水泥地上，羞愧难当。从那时起，要强的我就有了终究不如男生的感觉，内心深处渴望爱上一个更强大的男生，并被他爱着。但是和性格暴烈的云在一起，好像是白刃碰钢刀。生命的幼稚、迷茫、追求、渴望，和云的欢笑、争吵、委屈、和好，都融化在那被爱的鲜血染红的床单里，最后又积聚起来化作一朵鲜红的蘑菇云，向天堂升腾、铺散开去……

哦，天堂里阳光一片，生机勃勃，男耕女织，百童嬉戏，啊，我们的儿子坦坦，才一岁多一点，他多么可爱，又多么孤独，我多想给他添一个小妹妹，这个小妹妹也是和云生的。即使云和我关系已经不好，我仍然希望坦坦有个同父同母的妹妹，我希望坦坦牵着妹妹的手一起加入百童嬉戏的行列。我要啊，我要啊，我要活着，还要再生一个孩子，在渴望中我叫出声来。

嘭、嘭，云雾又积聚起来成为一朵蘑菇云掉回地面，我沉沉进入了梦乡。

第二天，梦醒，是我人生转折的一天，我被推上了晚期癌症彻底切除的手术台。

1999 年的圣诞节，是儿子出生后的第一个圣诞节，忙到 12 月 24 日的下午，我奔到圣诞市场，市场已经开始收摊，所有的人都往家走，我用半价就买到了一棵大大的圣诞树，回到家天就完全黑了。我点亮一串银色的圣诞灯，抱着儿子一起把各种挂饰挂满松针，然后弹着钢琴给儿子唱："平安夜，圣善夜！牧羊人，在旷野，救主今夜降生，救主今夜降生！欢乐女神，圣洁美丽，灿烂光芒照大地。我们心中充满热情来到你的圣殿里；你的力量使人们消除一切分歧。在你的光辉照耀下，人们团结成兄弟。"

2000年，我不能为儿子去买圣诞树了，不能和儿子一起装饰圣诞树了，但是作为母亲，心底深处的牵挂变得更强烈了。手术当天的清晨，我独自带上记载儿子成长的那个湖蓝色本子往医院去，到了医院，我还渴望看儿子的照片，我请云挑选一些坦坦的照片送到医院来，云把坦坦送到幼儿园，挑了照片赶到医院，白色的手术床正推着覆盖着白色手术单的我往手术区走，儿子的照片被放在白色手术单上的那一刻，手术区的自动门就关上了。后来云告诉我，手术过程中，他去办别的更重要的事了。我知道了，在我大手术的整整6个小时中，我的生活并不像电影或者电视里演的那样，有牵肠挂肚的一大堆亲人等在手术室外面。在我癌症切除的大手术中，陪伴我的，只是儿子的照片和那个本子。

对于我来说，这是命运，也许这就够了。

2000年圣诞节的清晨，我静静地躺在白色的病床上。

我动了36年突然病倒了，再激动身体也不能动了，我变得前所未有地静。

不知何时，我眼前、屋子里的东西开始晃动起来，墙上画中的图案不再是花，不再是水果，全部变成了初生的婴儿，变成了被父亲托在手掌中的婴儿，变成了抱着甲壳虫调皮睡着的婴儿，变成了躺在花丛中天真地笑着的婴儿……我感到躺着的这间病房，旁边韦伯太太带着铁杆护栏的病床消失了，各种消炎药、止痛药的吊瓶消失了，这明明是我生儿子的时候独自使用过的蓝色的产房，海军蓝的床、天空蓝的灯、多色但以蓝为主调的皮球、湖蓝色的吊绳与水产浴盆……

儿子落了地，一声嘹亮的大哭，整个世界都笑了，母亲挂在眼角的泪花是欣喜的，母亲的微笑是自豪的，朋友们的鲜花立刻摆满了产房……

啊，啊，这里不是病房，是儿子的产房，迷糊中的我几乎叫出声来。

2000 年 12 月 25 日，圣诞节的这一天，我独自一人在温馨的迷糊中度过，不明白上帝为什么在圣诞夜带走了对面病房的老太太，上帝应该送来一个又一个像坦坦那样虎头虎脑的孩子啊。

生命与死亡是否真有界限？

我想起了中国北方种植的小叶黄杨，冬天又干又冷，有时候一些小树的叶子全部枯黄，甚至又干又白，我以为这些叶子都死了，会掉落下来。但是到了第二年的春天，这些叶子会一点点重新转绿转青。我观察过那段漫长的细微的过程，当绿色又一点点覆盖原本枯干的叶子，那真是大自然生命的奇迹。

生命的奇迹，这几个字在 2000 年圣诞节这一天整天都萦绕在我的全身。

12 月 26 日，我的父母从中国赶到了德国，他们带着我的儿子坦坦来医院了。

坦坦全身从上衣到小牛仔裤到脚上的小皮靴都是我添置的意大利名牌，儿子出生时的第一件新衣服是他的父亲云在意大利出差时带回的名牌夏装，这件小衣服几年后我还寄给一位女朋友刚出生的儿子穿，但事先说好日后女朋友要把小衣服再寄给我，女朋友的儿子穿完后，她守约寄回了小衣服，我把儿子的名牌服装保存了下来。在后来儿子的成长中，我改变了观点，决定不再给儿子买大品牌。生下儿子的一年多，我把从前打扮自己的时间和精力全部转移到儿子身上，逛商店几乎只看儿童衣服鞋帽，每天为儿子换不同色调、不同风格的衣服，而自己穿着随意却不自觉。现在，儿子坦坦虎头虎脑地、神采奕奕地向妈妈走来，他一点也没有感觉医院与家有什么不同，不知道妈妈是从病床上爬下来到走道上迎接他，更没有看到我手上插着针头。十来天没有见妈妈了，坦坦扑向妈妈的怀抱，却被护士轻轻挡住了，因为我的伤口还不能碰。近在咫尺，我不能拥抱儿子，却看到儿子患湿疹的皮肤没有妈妈精细的护理变得粗糙了，白白的脸上红红两大块，像白白的衣服上打了两个红补丁，甚是扎眼，我的眼泪哗哗往下流，止不住呜咽，护士很纳闷，扶住我："哦，梅女士，您很坚强，您从入院到现在都很乐观，所有的医生都夸您，现在您的儿子来了，这么可爱，怎么反而哭了呢？"

是啊，我回答不了，生活中我几乎没有为自己哭泣过，我总是为身边朋友的遭遇而哭，或者在电影院里哭得稀里哗啦，阅读的时候哭得抱着书满屋子找纸也是常事，现在为儿子哭了，还用回答为什么吗？

哭，2000 年 12 月 26 日，刚满 36 岁的我，刚刚动完晚期癌症大手术，手背、脖子上都插着打点滴的针头，身边拖着吊瓶，当着父母，当着儿子，当着护士，我呜咽得泪水涟涟。

德国医院探视的时间不允许很长，父母即使也抹着眼泪，也只能带着儿子坦坦回家了。我回到病床上，白色病房，白色护栏病床上的白色床单，窗外绿色的塔松上挂满一层一层白色的雪，整个楼道也是白色的。我从温馨美妙的迷糊中清醒过来，我感觉到了，儿子坦坦来时发出的欢笑甚至一两次叫声，那是整个楼道里几天来能听得到的唯一的声音。坦坦走了，楼道里又恢复了宁静，这种宁静让清醒过来的人有无法克服、无可奈何的恐惧，我意识到了我躺着的地方，是病房，里面大部分是患了癌症的病人，绝大部分是老年人。这里是病房，而不是生机勃勃、充满初生婴儿嘹亮的哭声、充满鲜花与欢笑声的产房。

我没有想我为什么流泪，为什么哭，从我获知患了癌症到现在，我第一次流泪了，为什么？我没有想。我只是更强烈地感受到，坦坦太小了，皮肤有湿疹，这个还小得像棵幼苗的生命不能没有妈妈。同时一种强烈的恐惧感攫住了我的心：如果我死了，坦坦记不住妈妈，一岁多的孩子记不住妈妈。十月怀胎、生产的挣扎、剖宫产的伤疤、哺乳的没日没夜……如今孩子一岁多，我刚刚轻松些，刚刚开始和他一起捉迷藏、一起看图画书、一起听音乐……啊，一种无法比拟的悲哀向我袭来。

2000年圣诞节过后的我和圣诞节的我不一样了。我不再迷糊，我清醒地知道，为了儿子，为了自己，我一定要从这个病房里走出去。

那个圣诞节刚过，云急不可耐地就要回北京，他打电话到医院，说没有时间来医院和我告别，那时我躺在病床上，脖子上插着大针头，正在输液，我忘记自己找了什么借口，让护士暂时停止了对我输液，然后我把自己包裹严实就溜下了楼，这是我晚期癌症大手术之后的第八天，从手术昏迷中脱离重症监护室的第五天。寒风大雪中我每向前走一步都需要停下来喘息，稳住双腿，然后再向前走，终于我挪到了医院的大门口，我费劲地抬起手，使劲向远处的出租车站招手，还把脖子上的围巾也解下来摇晃，可是司机偏偏不开车过来接我，我一大步当三小步挪，挪三步歇两步，大约一百米的路程我可能用了正常人五倍的时间。上车后，司机抱歉地说："真是太对不起了，我早就看见您了，可您看上去形容憔悴，像个疯子，所以我不敢开车过去拉您。"其实我心里并没有责怪司机，我以为他没有注意到我招手，德国司机在出租车里埋头读书看报是常有的事。可是听了司机的话，我心里又震惊又悲哀：我形容憔悴吗？我像个疯子吗？这是真的吗？但是我的心里，此刻正充满着温情和渴望，我不顾脖子上插着大输液针头，手术后第一次离开医院，擅自回家，是想看看我儿子的父亲云，他要离开柏林的家，却不来和我告别。我的双脚刚踏进家门，家里的电话就响了起来，是医院值班的护士打来的："梅女士，您在家里？谢天谢地，请您马上回医院，这是规定，我们必须对您负责。"一贯对我非常和气的护士，声音在电话中有些严厉，但她还是同意我在家待10分钟。我看到云在慢条斯理地收拾行李，并不像他说的那样时间紧张，我抚摸了一下儿子，5分钟后就重新坐上了出租车。回到医院，值班护士立即来到我的病房，扑到我的病床前：“梅女士，您是博士，您不懂吗？您脖子上插着大输液管，大输液管直接连着您的大血管，如果针管路上出意外，您会大出血，几分钟内您的命就完蛋了。您的儿子多可爱，他会永远失去妈妈！我也会因此丢了这份工作，我也有两个孩子，我的孩子就会饿肚子没有生活来源了啊。”

哗啦啦，我的眼泪如喷泉，直往外涌。为了见儿子的父亲云，我敢插着大输液管独自从医院回家，那会儿我肯定不怕自己完蛋。从住进医院以来，我的眼泪第二次哗哗流淌，第一次是为我自己的儿子，这一次是为了护士的孩子。

我擦干眼泪的一刹那，再次明白了，为了孩子，为了自己的生命和责任，我没有额外的精力为自己的情感计较。

你有精神病

手术后，我的身体与手术前再也不一样了。

我失去了直肠、失去了肛门、失去了括约肌。

手术的部位密密麻麻都是线。我感觉自己的身体与直肠相邻的部位都缩紧了，犹如严冬过后逢春，我感觉自己重新变成了一个处女。渴望性、渴望爱，又充满恐惧，害怕疼、害怕我自己也许不能做爱了，因为我的身体对于我来说成了一个异物。

云在我手术之后几天就走了，一个多月后又回来了，面对我的病体，云很温柔很耐心。

36 岁，生命仍然在渴望。

手术前一天晚上的做爱于我恍若隔世……

在女人对男人、母亲对自己儿子父亲的深情中，我好像涅槃重生一般，没有任何痛苦，没有任何障碍，重返了快乐的伊甸园……我心中对云充满感激，因感激变得娇宠，因快活又变得有点大胆得意，我把自己重新变成了一个处女，现在又重获新生快乐的奇异感觉告诉了云。云听了我的话，似乎并没有为我感到高兴，一个女人任何时候的任何得意都可能让某些男人不舒服。或许是我没有把心里对云的感激表达出来，而是先表达了自己的快乐，我马上受到了惩罚，云嘲讽地笑出声来：“你这个女人，真有意思，男人你不只有过一个，现在孩子你也生过一个了，却会感觉自己重又变成了处女。”云的话使我伤心，也使我气愤，那个夜晚我们做爱过后本该柔情蜜意的私语又变成了彼此的较真和较量。

云将话题转到询问在我们分开的日子里，我是否有过外遇。他在提问一位生了他的儿子的母亲、一位在德国拼命工作创业还要独自带儿子的母亲、一位刚刚动完晚期癌症手术的女病人，他主动问我是否有外遇，他估计我也没有别人。他的语调轻飘飘的，狡黠又得意，甚至有点无所谓，我能感觉出来云暧昧的提问是漫不经心的。而云既然问了我，我就会入他的套，被迫反问他是否有外遇，但我提问时是提心吊胆的，心揪着的，绝望中还抱着希望不放。他是我儿子的父亲啊，即使他有外遇也不应该是这个时候。但那时我的命运就是雪上加霜，其实云就等着我提问了，他几乎是迫不及待地告诉我，他在得知我患病之前就已经和别的女人睡过觉。云主动说出的话，像他手持一把利剑刺入我，而他说话的无所谓的口气就像他抽出刺向我身体的利剑，然后笑对我流出的鲜血。在我获知自己患病前，我曾严厉地问过云是否和别的女人睡过觉，他矢口否认他的偷情，他知道说出真相后，我会转身离他而去。如今我的身体残疾了，我相信他也并不是有意向我落井下石，他只是本能地、无所顾忌地出出他的气。因为我是那么一个女人，我不是充满恐惧地探问或者偷偷摸摸地查问我的男人是否和别的女人偷情，我是面对面坦然地质问，那质问里有骄傲和尊严。云那样的男人，碰到弱者会同情，碰到强者会哈腰，他也曾爱上了我，因为爱，他受过委屈感到压抑，他恨死了我的骄傲和尊严，现在他在我病中获得了打击的机会，就不假思索地出手。

我心明如镜，心凉如雪，这种太明白真是我做女人的过错。有些男人真是恨死了女人的这种明白与骄傲，但是我总是改不了、放弃不了这种明明白白做人的骄傲，我总是宣称世界上一定还有大气的男人喜欢我这种明明白白的女人，接受我这种女人的骄傲。

那我就把云贬入了小气男人层面，即使我生出了他的儿子，他也不饶恕我，他要在我虚弱的时候出言伤我。

重病的人，尤其是重病的女人，是不是已经失去了明明白白做人的骄傲与资本？

我一夜不眠，只有对儿子流泪。

清晨，我默默地在浴室里收拾着自己，看着身体上长长的刀疤。云推门："我能看一下你的伤疤吗？"他和我，男人和女人，我们曾经彼此充满激情，我们的激情创造了一个生命——我们的儿子，现在我的身体比任何时候都需要他，可是我的心和他隔着一道坎，就像洁白的浴室和灰色的过道有一道坎，这道坎不高，迈过灰色过道进了洁白的浴室，把自己洗得干干净净会神清气爽，或许也会宽大为怀，但是云横在灰色过道的门口上，面目上显示良心与虚心各占一半，我本能地想关上门，不想让他看到我的异体，不想接受他跨过门槛和我同处一室。云依然横在门口，他既不进门，也让我无法关门，我红嫩嫩的伤口在初升太阳的光线下毫无遮挡地裸露在他的眼皮下，他欲言又止。他开始良心发现？他只要我低头示弱就会大发慈悲？不管是出于哪一条，云迟疑了一会儿，终于开口诚恳地说：自从得知你病了，我已经不再和别的女人来往。我又从云话语的调子里嗅出了某些气味：儿子在，他的良心在，他和我牵连的感情也还在，都不错，但是他那男女偷情早就不了了之了，并不因我的病而终止，他那既然是偷来的女人，未必是清清白白，两个未必都清白的男女，偷情之后也未必都快乐，难免也许互相又给些难堪，云和我过不去的地方，与别的女人就更难过得去。回到家，家里有他清白的儿子和他儿子清白的母亲，而他却拿他的偷情来打击我，毫无顾忌，他伤了我的感情也伤了我的心。可恨我那不高不尖的鼻子太灵敏了。云恨我这个鼻子灵敏的女人，这让他这个男人受压抑。

和一个男人在一夜之间共同创造了一个生命，一个可爱的生命，一个活泼泼的生命，一个一天天、一年年成长的生命，这对一个女人来说意味着什么？这意味着女人因为承载了这个生命，而与创造生命的这个男人终生牵扯。我爱着这个儿子，儿子在成长中又不断地显现他父亲的某些特质，无论好的还是坏的，这一切都让我有莫名的、摆脱不了的牵扯，曾经爱过与曾经恨过都成为一种剪不断、理还乱的牵扯。

唯有终身修行自己，才能还原生命之本，人生因为悲剧而完美。这是我后来在漫漫生活长路上逐渐领悟到的。

受到云打击的那一天，我一夜未眠的病体并不肯离开云半步，我想和云一起去给儿子买衣服，我想和云一起去给美术代表团所有的孩子们买礼品，我们吵了一夜又手牵手地出门，云温柔地扶着我的腰，我重新感到甜蜜和慰藉。那一天，我在寒风中紧紧跟随着云——我儿子的父亲，就像我生命中依靠的一根稻草，即使他在我的病中赤裸裸地告诉我，他和别的女人睡过觉，我也还是想依靠他，寒风中我忘记了尊严和屈辱。

路过一个取款机，我去取500马克，那时德国还使用马克。即使在取款的时候，我的头脑里还整个想的是云和儿子，我忘记了拿取款机出来的钱，只是拿着从取款机里跳出来的卡，迅速转身就重又回到云身边，紧紧地依偎着他，等到走出数米，我醒悟过来，跑回到取款机旁，500马克早已经被一个幸运者拿走。寒风中我的心感觉不到失去金钱的痛苦，因为它已经被另一种更深的痛苦重重扭曲、紧紧压住，我几乎窒息也几乎麻木了。

患癌症我共接受了三次手术，还有化疗、放疗……身体有过的痛，随着时间慢慢减弱。云告诉我他和别的女人睡过觉，这个痛留在心灵上，刻得很深，这个心灵的痛浮出的时候，身体的痛也一次一次连带撕扯。

但是我不能放弃啊，我心底还有爱，我在挣扎！

春夏秋冬一轮，生命好像复苏了，身体在一点一点好起来，定期的复查结果也显示一切正常。2001年一整年，我和云的关系也像天边的云，时近时远。我与云共同创造了一个儿子。而且是我下了决心放弃和吉姆的婚姻，在一夜之间与云创造了一个儿子，作为女人，我的内心深处多么希望云对我好，好到我认为那些放弃是值得的，但是命运并没沿着我渴望的轨迹前行，我与云总是磕磕绊绊的，又总是情意缠绵。我患癌症之后，云先是不情愿，但终究还是北京与柏林两边频繁地飞着，他每对我多表示一点歉疚，多展示一点关爱，我就多感动一些，儿子坦坦是两个人的纽带，这个两个人一夜之间热血创造的生命联系着一个家，12 月云又回柏林过圣诞节了，分别时坦坦在我和云的手中被传来传去，儿子笑得像个开口的小佛爷，一家三口难舍难分。

我有一个家，家中还有一个两岁多的儿子，云还有温情。癌症手术后的两年内是复发高峰期，我不能松气！2002 年初，我开始进动物森林公园跑步，希望将人生的长跑继续下去。

春节是家庭团聚的日子，我 16 岁上大学后就没有和父母一起生活了，但寒假我还是经常回老家和父母过年。出国后我就连春节也没有和父母一起过了。年轻的时候，我好像对这一切也不在意，人到中年，当传统与亲情又回归的时候，我突然彻底病倒了，父母来照顾我，病魔给我送来了和父母的团聚。

大年三十，过完圣诞又回到北京的云打来电话，我心里很高兴，不停地说些儿子坦坦的事。电话里云让我猜哪位特殊的客人在他那儿过年，大年三十是家人团聚的日子，除了坦坦的奶奶怎么会有我认识的外人和云在一起？我纳闷，怎么也猜不着。电话被转过手去，话筒里传来我妹妹的笑声，妹妹说是和同事准备去东北滑雪，路过北京就到云那儿过年了。那一瞬间，一股亲情流过我的全身，那是听说是自己的亲妹妹的踏实的亲情，那是人世间只有血脉相连通着的亲情。我感觉我和云之间那若近若远的关系通过我的亲妹妹又拉近了一些。没想到，妈妈却非常生气，妈妈对我说：“你妹妹为什么这么没有脑子，她怎么去云那儿过年，这不合适。”我大笑妈妈思想封建，我和妹妹是一母同胞，情同手足，妹妹自己也有丈夫和儿子，妹妹的儿子比坦坦还大几岁，云和妹妹在一起，我就更有了保险，妹妹就会看着云，云就压根不会和别的女人在一起。几天后我和妹妹通电话，把妈妈的封建脑子思想告诉了妹妹，并笑着问："你在北京，观察到云有不老实吗？"电话那端传来了妹妹十分肯定的声音："没有，姐姐，我看他很老实。"我对妹妹从来都是百分之百的信任，我笑着给了妹妹一个秘密任务："你帮姐姐看着他一点。"

以前三天两头都有云的电话，那之后有一段时间没有云的消息，我想打电话给云，但是想到自己说了请妹妹帮我看着他的那句话，我对自己很不满意，我不应该监视或者请别人去监视自己的男人，更不应该请别人去监视云，包括请自己的妹妹。"看着他一点"这样的句子是为自己所不齿的，人为什么放任自己说出自己心底深处并不想说的话，做出自己并不想做的事，并且还随波逐流？难道是因为病了一场？病后的心变得软弱或是增加了恐惧？我不承认，但是事实明明如此。但是我下定决心不闻不问，只专心养病、工作、教育儿子。

春节过后一个月，云回到柏林，带回了惊人的消息：不是别人，而是我的妹妹喜欢上了他。云说不是他主动看上了我的妹妹，而是我的妹妹看上了他。云要和我的妹妹结婚（我妹妹有丈夫有儿子）。我极度震惊，我为云离了婚，我为他生了一个儿子，我们还没有结婚，如今分别一个多月，他跑回柏林的家，说要和我妹妹结婚。而从我口里跳出的回答更让云和我自己吃惊："云，你是爱上我的妹妹了吗？你和我有共同的儿子，我妹妹和她丈夫也有儿子，你自己好好考虑考虑，我会耐心地等着你。"云愣了，他默默地抚摸着我，说："那只是我一时的感情，而且很纯洁，我会结束它。"

云年近四十，的确从来没有结过婚，我也知道他从前碰到女人几天之后也会说结婚。

男人或者女人在表白一段关系的时候，用很纯洁这三个字，意味着什么呢？按照我的理解，这意味着云和妹妹没有性关系。从我的嘴里当然问不出那样的话：云，你老实说，你和我妹妹睡觉了吗？

这样的句子，应该是从另类的小说中另类女人的口中说出来的，那时的我问不出。

但是我心底深处是怎么感受的？

痛，上天无路；痛，下地无门。

长夜不知如何爱。

我的母亲后来一直切齿痛恨云，她认为云就是这样在作死她的两个女儿，云并没有真正爱我，更没有爱上我的妹妹，他作为男人嫉妒我，受不了我，就是这样想通过我的妹妹作死我。一位母亲，她眼睁睁看着自己的两个女儿陷入了同一个男人的魔掌，她一夜之间白发苍苍，哀自心底。不过这是后话，当时的我是病中的女人，母亲的白发都不能使我放下痛苦。我一任自己的病体煎熬。

长夜不眠。

早晨，我穿运动衣穿运动鞋要继续进动物森林公园跑步，没能跑出门就失声痛哭。

不，那是哪儿学来、抄来的狗屁高尚理智的话语？那是假的、虚假的，我已经被教育成遇到问题首先不是表达自己真切的感受，而是跟随被教育的模式说出压根不是自己心声的话，所谓理智的、符合某种令人佩服的形象的话。

实际上我愤怒、我痛苦，我被击倒了！我不相信这从天上掉下的消息，这个消息比癌症还恐怖一千倍，这个消息的病毒比癌症还强一万倍！是我的一母同胞的亲妹妹，是我从小到大从没有吵过架、斗过嘴，亲密无间的唯一的妹妹？她在云没有消息的这一个月里就和云好上了，而我不久前还将自己的信任几乎充满感激地托付给她。而云呢，他和我争吵也罢，斗气也罢，伤心也罢，他不是和我有一个一夜创造的儿子坦坦吗？两个月前，云和我还在柏林手拉手依依惜别，两个月后他竟然和我的亲妹妹好，和也有丈夫有儿子的我的亲妹妹，他还依旧回到柏林来，他还和我一起躺在那张我们无数次爱过的床上把这个消息告诉我，尽管他也带着某些迷茫，甚至某些忏悔。

我忍受不了啦。

我彻底崩溃了。

我毫不保留地向父母哭诉。

云向我保证，他会和我妹妹断绝联系。我高傲地不愿和妹妹通电话问及此事，但是妈妈和妹妹通了话，妈妈坚定地对我说："你妹妹和云什么也没有，话是从你儿子的父亲嘴里出来的，男人说的话哪里能随便信，你妹妹根本就没有想和他有那种关系。"

我相信了自己儿子的父亲，也相信了自己一母同胞的妹妹。云在柏林的时间里，我们和好如初，一如既往。一个月后，我牵着云的手把他送上了回北京的飞机。

一段时间后，到了五一，那时国内还放长假，节日中亲人会联系更多一些，可是我没有云的消息，这次我往北京打电话，家里电话没有人接；打云的手机，通了，手机中传来我自己妹妹的笑声。

呵哈、呵哈、哈哈……呵哈、呵哈、哈哈哈……那是一母同胞的我亲妹妹的笑声，那个声音我自小就熟悉。小时候在湘江中游泳时我们姐妹一起扑打着水笑；放学后姐妹一起去为家里的几百条金鱼捞食，发现水沟越臭，里面漂着的小鱼虫一片一片就越是红艳艳，两个人捂着嘴惊喜地大笑；有一天姐妹两个各持一根小竹棍在家里追追打打，一不小心把头上吊着的灯泡打碎了，妈妈生气了，姐妹两个一惊一愣，最后发现人都没有伤着，突然又对着仍然晃荡着的灯泡挂绳一起笑个不停……那是带有家乡与家族口音的笑声，甚至外人总是说我们两姐妹的说话声与笑声都特别像……

那个声音太熟悉又太意外了，但是千真万确。我再打电话过去，然后就没有人接了，我这一天打了几十个电话到云的手机上，但再无人接听，最后打电话到妹妹的家里，家里人说她上了黄山。

呵哈、呵哈、哈哈……呵哈、呵哈、哈哈哈……

妹妹的笑声是从中国的名山——黄山上飘来的，妹妹的笑声在我儿子父亲云的手机中，妹妹的笑声从黄山上往外飘，飘过千里万里，飘到了德国，飘进了患癌症后刚刚做完化疗与放疗的我的耳朵中，飘进了抱着儿子、拿着电话找孩子的父亲的我的听筒，我再次彻底崩溃了。母亲坚持说肯定不是妹妹，妹妹不可能做出那样的事，一定是我得病后神经变得紧张，听错了，我应该去看看精神病大夫。

“孩子，你病了，精神可能有点不正常了，你去看看大夫吧。”母亲一遍一遍地抱着我这么说。

我恍恍惚惚了，我问自己：难道我除了癌症又患上了精神病？

呵哈、呵哈、哈哈……呵哈、呵哈、哈哈哈……我的耳边不断地重复着自己亲生儿子坦坦的父亲——云的手机里传来的自己亲妹妹的笑声，我整天整夜睡不着觉，一种被生煎被活埋的感觉。

患癌症之后三次大手术，然后又化疗放疗，为了热爱的事业，也为了有收入，养活自己与儿子，我仍然在工作。但是三天三夜的不眠，我本已被药物作用的脸色变成了暗黑与暗绿，这种暗黑与暗绿的色泽很多年都没消退下去，我自己很少照镜子，照镜子也看不大清楚，因为我轻度近视又不戴眼镜，这种脸色是很多年后一位亲近的朋友告诉我的，说当时感觉到那是毒气浮在我脸上，为了怕我太难受朋友也没有直接告诉我。母亲是看在眼里的，所以几天之中母亲就白了头，母亲的背部起了很多紫色的斑块。

到了第三天晚上，我不顾一切地对父母叫起来：“她是我的亲妹妹，也是你们的亲女儿，云是我儿子的亲生父亲，无耻、无耻、无耻，哦，不值得为他们难受，不值得为他们难受，怎么办，怎么办，我今天晚上决不一个人上床整夜睁眼望着天花板。”父母难受地看着我，但我从他们的眼光里感觉到他们并不能理解我，所以我叫得更大声更直白了：“无耻、无耻、无耻，哦，不值得为他们难受，我今天晚上怎么办，我要去找一个人睡觉，我要忘记他们。”父亲听了这话严肃起来：“你很难受，这是肯定的。但是你要想着你有一个儿子，你是一个儿子的母亲，你怎么能说得出口找个别的男人睡觉。”父亲的话不仅没有让我感到安慰，反而印证了我的感觉，父母不理解我，不理解我那种无法言喻的痛苦，所以我更气愤更大声地叫着：“我是儿子的母亲怎么啦？为人母就必须三从四德眼睁睁看着儿子的父亲逛妓院吗？云逛妓院我会看贬他，不值得为他难受，云跟别的女人好我难受也能挺得住，但是他和我的亲妹妹好，如果你们生了我们两姐妹，如果我和妹妹以前关系不好，如果我以前就不相信她，如果我以前就恨她，那我也许也没有这么难受，天哪，我以前那么相信她，信任，你们懂吗？我以后再也没法信任人了。还有，云想过他的儿子吗？为了云，我已经和德国丈夫离婚了，我在德国已经没有一个亲人了。他和我生了一个儿子又和有丈夫有儿子的我的妹妹上黄山！他在干什么？我的亲妹妹又想过我的儿子吗？想过她自己的儿子吗？想过我这个得了病差点死了的亲姐姐吗？她和我儿子的父亲上黄山！”

我不知道自己是否颠三倒四，我对着父母大声地说话，来来回回就是同样的几句话，我不知道这样说来说去是否发泄了一些我的痛苦，我没有哭，母亲在一旁哭了：“这都是罪孽啊！你们都不配做父母！苦了的只是我可怜的外孙，我的小坦坦。梅儿，我看你是病后神经不正常，你明天去看看医生吧。”

母亲又说我神经不正常，我有神经病？

在家里待着真会神经，我拿起一件外套想冲出门，又想到自己几夜未眠，脸色一定吓人，我走到镜子前，胡乱往脸上涂粉，看到左边眼角的黑影很深，我往那儿多抹了几遍粉底，却没有想到，那条黑影停留在我左边眼角，从此再也没有消失。

医生托尼

柏林列宁广场。

小时候我看过电影《列宁在 1918》，电影里特务在剧场密谋刺杀列宁，砰砰几声枪响，银幕突然黑了，我以为特务真的来了，吓坏了。不过银幕一闪一闪又亮了，哈哈，特务吓得逃走了。当时电影里的银幕上正在表演《天鹅湖》，那时国内规定不许银幕上出现小天鹅穿超短裙跳舞的镜头，所以放电影时放映员必须用手挡住这个镜头，怪不得电影放着放着银幕会突然黑了。我到了北京上大学后，在莫斯科餐厅旁边的北展剧场看中央芭蕾舞团演出的芭蕾舞剧《天鹅湖》时，我却联想到电影《列宁在 1918》，想再看一次电影《列宁在 1918》，我一直想着电影里的银幕上苏联原汁原味的《天鹅湖》镜头到底是什么样的。

凡事追问个究竟是某些人的天性，越是没有看到的还越想看到。

到了德国，东西柏林统一后，东柏林一些街道、广场的红色名称被逐渐改回历史的老名称，但是列宁广场没有改名，每次我到列宁广场都会有些感触。

那天我直奔列宁广场上话剧场里的鸡尾酒吧。

列宁广场上的话剧场是一个突出的半圆形建筑，鸡尾酒吧占半圆形建筑靠街面长度的三分之一。几天前，我和女朋友雾雾去看话剧，入场券上写着：演出之后凭票可在剧院鸡尾酒吧获得半价鸡尾酒一杯。看完话剧后，我和雾雾还很有兴致地去喝了杯半价的鸡尾酒。酒厅的小门被包豪斯风格简洁厚实的布质挂帘挡着，我们掀开沉沉的帘子，再推开沉沉的门，啊，里面烛光摇曳，一派轻松浪漫的景象，大部分座位都是在半圆形建筑宽宽的窗台上放上十分舒适的大靠垫，圆弧墙和烛光都望不到尽头。已是晚上九点多了，酒吧里客人还很少，我和雾雾特意在中央坐了下来，我们的票上写着半价鸡尾酒到晚上十点半有效。十点半之后，客人一波多过一波地从那个小门往里拥，所有的人都很养眼，男人们身材健硕，举止优雅，女人们柔美异常，不论是男人还是女人，他们都有一个共同的特点：轻松、休闲、迷人，和这个鸡尾酒吧的风格和气氛融为一体。我和雾雾都有点看傻了，猜测着客人们来自哪个阶层、哪些行业。是模特？他们比模特显得更有内在气质；是演员？他们的穿着好像没有演员那么随意、外露，举止也没有那么夸张。我和雾雾欣赏着、品评着，非常轻松和开心。必须承认，看德国当代实验性话剧可不是一件轻松的事情，当代实验性话剧更多的是引导你在艺术中思考，不是像听轻音乐那么放松。当我和雾雾品尝着半价的鸡尾酒，欣赏着这些美男女时，我们真的都放松了，兴致盎然。我和雾雾最后决定问问跑堂，一定把这些美男女的身份搞清楚。现在客人多了，跑堂也一下冒出来好几个，细看之下真不得了，男跑堂很自然地穿着黑色衬衫、黑色裤子，女跑堂很自然地穿着白色衬衫、黑色裤子，外面是统一的长长的黑色围裙，这使他们高挑的身材显得更飘逸。跑堂个个都青春勃发，酷得很，既忙碌又轻松，还时不时和客人交谈一两句，笑一两声，他们从一拨客人走到另一拨客人那儿，好像把客人们都串联了起来，使整个酒吧成为一个和谐的音符。雾雾和我终于拦住了一个男跑堂，他在忙碌之中仍然微笑着详细地告诉我们：客人群体中大部分是电视台、广播台的记者、编辑、主持、播音等，也有一小部分是演员、编导，还有一小部分是这些人的朋友，如医生、生意人、经纪人等。雾雾和我会意地相视一笑：这就对了，果然，他们既不是模特也不是演员。那天晚上，雾雾和我相约再来看话剧，看完话剧后再来这里看美人。

没想到几天之后，我竟是一个人坐在了鸡尾酒吧，在三天三夜不合眼，左边眼角刻着一条深深的黑影之后。

当我坐在几天前和雾雾坐过的那个位子，要上一杯无酒精的混合果汁时，我的愤怒、苦楚平息了一些。我出神地望着一波又一波谈笑风生的人，比那天和雾雾在一起时更出神，甚至有些肆无忌惮，因为我心如死灰，我渴望脚下突然山崩地裂，让我直落三千尺，我要在入地狱之前，再看看这些气质优雅、快乐无比的人。

这时，进来一个男人，他走到一张桌子旁，和其中的一位握手，只见桌子旁的那位从座位上站起来，热烈地拥抱他，当他们拥抱到一起时，我看到进来的男人比他的朋友矮了大半个头。两个男人环顾了一下四周，然后向我走来，礼貌地问是否能和我同坐一桌，我木然地点点头。他们点了鸡尾酒，热烈地谈着什么，彼此互相拍着肩膀，时不时还握一下手，过了一会儿，两个男人停止了他们的谈话，友好地对我说了一句："我们是老朋友，今天约好来这里喝一杯谈点事情。"

这时我开始看着他们，其实在他们向我这边走来时，我发现高个子身材魁梧健硕，一米八五以上，矮个子实际上也有一米七五的样子，矮个子也不矮，但他和他高个子的朋友拥抱时，就显得矮了。刚才是矮个子对我说话的，他友好的语气让我一下子有了好奇心："请问，你们两位是什么职业？"这回是高个子的男人回答的："我做医疗器械。"然后指着矮个子说："他是医生。"接着他转向那位医生："好，我的朋友，我们就这样谈定了。现在我必须回到我的那些朋友身边去了。"然后两人站起身来，握手拥抱告别。

医生坐回我身旁，他又要了一杯喝的，对我举起杯："碰杯，我开车，不能再喝酒啦。您看，我的朋友有一大堆人，我是一个人来的，看您也是一个人，想和他谈完事情后再和您坐坐，所以就来到您的桌子边了。您呢？也开车？不能喝酒？”医生看着我的饮料杯，语调轻松又友好。

“我不开车，想喝酒，但是身体不允许。”

“为什么？可以问吗？”医生的眼睛里充满职业天性的关切。

“我的肠子出过大问题，做过两次大手术，变敏感了，早几天在这儿喝了鸡尾酒回去就不舒服。”我豁出去了，不藏不捏。

“哦，我是医生，从您脸上这么沉重的表情，我冒昧地推断，难道您这么年轻得了肿瘤？”我没有任何的别扭，反而有种临死前终于被人看明白的舒坦，对这个男人我产生了一点信赖，他是医生。“肿瘤”这个词从他口里说出来比我自己说要轻松。“难道您这么年轻……”这话一下说到命运对我的不公上，我的眼泪直往上涌，但是心里却释然了一些，我克制着自己，努力轻松地说：“您猜测得对！是那么回事。谢谢！但是我们换个话题吧。”

我不愿意在这个欲死不能的夜晚与人继续谈死亡的话题。

“好！先认识一下吧，我是托尼，咱们互相别尊称您了，称呼你吧，你叫什么名字？”

“梅，姓黄，你叫我梅或者黄都行。”因为我的姓和名都很短，到德国一段时间后，我就习惯了这么一股脑儿地介绍自己，这有一个好处，叫名叫姓由别人去决定。在德国，彼此之间称呼您或你，名或姓，是由关系远近而不是由年龄辈分来决定的，如果关系远，对待陌生人，哪怕对小孩子也称呼您，我对此不大习惯，如果关系近，成了朋友，哪怕对比自己年龄大很多的人也称呼你，我也不习惯。因为中国文化把尊老爱幼体现在称谓里了，对长者，哪怕是对自己的爷爷奶奶，也该称呼您，对幼者，哪怕是初次，也是喜欢关爱地称呼你。中国与德国的称谓文化，各有自己的特点与好处，对此，我总有些无所适从。

“好，梅，托尼也是我的名，因为我的姓对你来说也许太长太难发音了，我们就互相称你吧，这样简单，行吧？”看到我点头，托尼继续问：“你是哪国人，我也来猜一猜，要么泰国人，要么中国人，我更倾向于你是中国人。”他的眼睛探询地看着我。

“我猜对啦！”

从我的眼睛里，托尼读到了正确答案，快活地眨了两下他的大眼睛，语调变得更诚恳：“我是波兰人，在德国出生的，我的两个兄弟也在柏林，但是我的父母前些年又回华沙了。我很喜欢中国，看了很多关于中国的书，我知道中国80年代以来开放了，现在发展得很好……”托尼一口气说了许多中国的事，大约因为看到了我惊讶的眼神，他笑了：“要不，我们换个话题？”

托尼端起杯子喝了口饮料，他随和地看着我。我也笑了，为自己不懂政治而惭愧地笑。托尼说的这些中国历史我都知道，但是我对这些历史没有自己的观点，不能和托尼对话，的确只能换话题。我也想说说话：“我前不久去了波兰的克拉科，感觉实在好特别。”

“怎么特别？”托尼的眼睛瞪得大大的。

我端起饮料很慢很慢地品了一口，好像要从饮料中品出那种特别的感觉，上次我和女朋友雾雾来这里喝了一杯鸡尾酒，回去后肚子还略微难受了一阵，不过今天我点的饮料实在温和，芒果、香蕉与椰奶的混合果汁，软软的、甜甜的、酸酸的，让我感受到镇静与悠闲，我叙述的声音也变得平静、缥缈：“我的朋友碧青和克拉科的交响乐团合作演出，叫我去听。我们是坐卧铺火车去的，车上遇到一帮德国足球迷的男人，都没带老婆，和我们两个亚洲女士聊得很开心。第二天晚上，火车上那帮德国足球迷都买了音乐会的票来捧场，演出后，所有的人又一起到克拉科最古老的地窖里去吃饭、喝酒，那一天是如此美妙。第三天，我一个人去了奥斯威辛集中营，这一天却是如此低落，集中营里也有很多游人看上去是德国人，但是所有的人都面色凝重，和火车上、音乐会上及地窖里的气氛截然相反。

我待不下去了，所以当天夜里就一个人坐火车到华沙去了。其实那是我第二次去波兰，很早的时候，我还去过但泽和波兹南。好，托尼，别听我讲波兰，都是你知道的。别在乎我对中国的政治一窍不通，给我这个中国人继续讲讲你了解的中国吧。”

我觉得我一口气说了不少话了，从回想波兰之行的缥缈中又真真看到了对面坐着的波兰人托尼，该让托尼说说了。托尼举杯喝了一口：“梅，你想听什么？好！你是哪一年出生的？”

“1964 年，怎么啦？”我没有隐瞒自己的习惯，可托尼问女士年龄干吗？

“你知道你出生的那年你们中国发生了什么大事吗？”我一下没反应过来。

“在你出生的那一年，中国这个，”托尼做了一个开花的手势，“1964 年，中国第一颗原子弹爆炸成功。中国发表政府《声明》指出：中国发展核武器是为了防御，为了打破核大国的核垄断。中国在任何时候、任何情况下，都不会首先使用核武器。中国很厉害。”托尼竖起了大拇指，又加了一句，“你一定也很厉害，因为你就出生了。”

“原子弹爆炸了，我就出生了，我也光荣吗？”我又笑了，我一定要告诉托尼，“嗨，托尼，对于我出生的那年，我的记忆里还存着别的事，那一年，中国排了个大演出，是在人民大会堂里演的。中国的人民大会堂很大，有 6000 多个座位，中国这个大演出里面有很多好听的歌，很多好看的舞蹈，还有诗歌朗诵，这个大演出的名字叫《东方红》。”

“东方红，太阳升，中国出了个毛泽东。”托尼调皮地看着我小声唱了起来，但是马上又面有愧色地停止了，“我只知道这一首，而且只会唱这两句。”

“你唱得很有意思，几乎没有口音。你知道吗，到了德国，我觉得有一件事情也比较有意思，中国那个年代歌曲很少，人们都只会唱那几首歌，有时候中国人和德国人一起演节目时，中国人马上就能齐声唱出几首大家都知道的歌，德国人音乐水平都很高，但要马上齐声唱出一首歌却不容易。”

“梅，和你聊天很愉快，你说你还去过但泽和波兹南，也给我说说，我也很爱听你说波兰。”看来托尼并没有被我上面讲的集中营的故事弄得情绪低沉，他像个知己，热切地望着我。

我笑了：“从我这儿除了话剧啊、音乐会啊，你听不到很多别的啦。1994 年我就独自一人第一次去了波兰。”

“在但泽，我对琥珀爱不释手，还自己跑到大海边去找琥珀，这当然是徒劳，最后我就买了一些便宜的琥珀首饰。晚上，我去听了威尔第的歌剧《那布科》，歌剧院很朴素，那天晚上我永远不会忘记，我听过几次歌剧《那布科》，听过很多遍《囚徒之歌》，那次我的感受最深，我感觉那朴素的剧院本身的气氛和歌剧的内容很吻合。古巴比伦国王那布科变成了德国纳粹，舞台上残暴的侵略者占领了耶路撒冷，并驱赶了那里的犹太人，现实中纳粹占领了波兰，受害者既有犹太人，又有波兰人，波兰人不甘受奴役，热爱家乡、为祖国抗争，他们唱着《囚徒之歌》，他们的悲愤与不屈让我流泪。泪光中，我看见联邦德国总理维利·勃兰特冒着凛冽的寒风来到华沙犹太人死难者纪念碑下，双膝下跪，向‘二战’中无辜被纳粹党杀害的犹太人表示沉痛哀悼，并虔诚地为纳粹时代的德国认罪、赎罪，他祈祷‘上帝饶恕我们吧，愿苦难的灵魂得到安宁’。勃兰特因为作为总理率先反省历史，获得了诺贝尔和平奖。”

不知不觉，泪水溢出了我的眼眶，落进了我的杯子，我端起混着泪水的杯子，对着托尼笑着哼唱起了《囚徒之歌》：“来，飞吧，我的思想，展开金色的翅膀。”

托尼举起杯，眼睛也荧荧发亮：“哦，梅，中国人，你真是我们波兰人的朋友。”

托尼这么一说，我的眼泪就越发往外涌："托尼，你也许会笑话，1994年，那是10年前了，尽管我了解一点波兰的历史，但是我照样开心地戴着从但泽买回的琥珀首饰。后来就不一样了。"

"怎么个不一样？"托尼的眼神显然在期待。

"后来我读了格拉斯的但泽三部曲，但泽的历史是那么悲惨。波兰并不是只有一个奥斯威辛集中营，但泽附近有集中营，华沙附近也有集中营，到处都是集中营，所以在华沙我也是一个晚上都没有住，逃回了德国。托尼，你看这不是好笑吗？在波兰的难受难道是逃回德国能解除的吗？我有时又逃回中国去了。我在但泽买的所有的琥珀首饰都被我放在柜子的最低层了，因为那里面不仅仅有树叶、花瓣、蜘蛛、小甲虫，更或许有集中营死者的白骨。但是我又想念波兰，我必须积攒力量，再去波兰。"

托尼点着头："梅，欢迎你再去波兰，别想那么多历史，到波兰我父母家去做客。你知道吗，今天晚上我非常高兴，我是一个医生，我自己开了一个理疗按摩诊所，通过按摩配合用药帮助病人康复，我的诊所又要扩大了，刚才就是和我经营医疗器械的朋友谈购买新的器械的事情。今晚和你聊天，我很感动，你很聪明，很善良，但是你看上去很憔悴，眼眶很黑，你得病后身体还没有完全恢复吧？"

我被托尼的提问问得哽咽住了，没有回答他。托尼看着我，眼睛里是真切的同情："梅，也许病痛也是命运的一部分。你看上去还很年轻，根据我的了解，你的癌症如果没有扩散，完全能根治。我想为你做点什么，跟我去诊所，我帮你做按摩，一定有帮助，放松一下。"

我依然说不出话。

托尼的声音在继续："不信任我吗？我的诊所现在还不是最高级最舒适的，但今后会更好。而我的确想帮你，平时我们的医务人员为人按摩，一个小时40欧元，今天我帮你按摩，不要钱，除了为你按摩，我没有任何别的意思。"

我还是说不出话。

几个小时之前，我从家里冲到酒吧来，发誓要忘记自己儿子的父亲云，忘记自己的亲妹妹，发誓今晚要和一个男人在一起。和托尼在一起的这几个小时，我的思绪去了波兰的克拉科、华沙、但泽、波兹南……我的思绪回到了中国，回到了1964年，我的出生年……我心灵的剧痛奇迹般地消失了几个小时。但是现在，托尼提到了我的病，注意到了我的憔悴，还想为我按摩，我的痛又回来了，我看着托尼，他在我的眼前很模糊又很真切，他敦实的身体坐在我的对面，几个小时都是一个随和、安静、诚恳的姿态。

我笑了，感受到一种苦，然后又笑了。

这种苦，不是一般的苦，一般的苦还有知觉，还能盼望苦尽甘来，我感受的这种苦，是无知觉的苦，那种人生不知道怎么处置自己的苦。我活了快四十岁了，还从来没有受过这种苦，它比癌症苦无数倍，癌症的苦是身体的苦，我在努力，努力用精神战胜身体的苦，但是面对云和妹妹的事情，我的精神全垮了，对自己最亲密的人失去了信任。感受着这种苦，我还笑，就是一种特别的苦笑。我是个乐观的女人，是个每天都很积极的人，积极学习，积极工作，积极玩，积极运动，积极跳舞、滑雪、滑冰，积极听音乐会……但是想到人生的终极问题，我其实是有些悲观的，我很少想，所以就不知道自己的悲观。这一点我自己都没有意识到、没有反思过。我在中国的时候，大部分时候是微笑；到了德国，在轻松的社会大环境里，我慢慢开始放声笑，有时候大笑不止；有了儿子坦坦的这一年多，我又有了和儿子无拘无束惊喜的笑……唯独对苦笑，我其实是陌生的。

我苦笑着，意识好像从遥远的地方回到了现实，回到了这个鸡尾酒吧。我的眼光第一次落到了托尼握着杯子的那双手上，那是一双白皙又厚实的手，医生的双手，按摩师的双手。我精疲力竭，身心俱疲，在家里我冲着父母说今晚要和一个男人在一起，其实那就是无法和一个男人在一起的绝望的、发泄般的咆哮，那个咆哮到现在，此时此刻，在我盯着托尼的双手的这个瞬间变成了直接的渴望。但我又有点踌躇，因为有种种苦阻挠着我，那是一种患过绝症的人的苦，一种身体上有深深疤痕的女人的苦，一种受到致命心灵伤害的女人的苦，带着这种种苦，我仍然感到还有些知觉在慢慢恢复，在隐隐期盼：这双手，如果它们为我按摩，抚过我动过癌症手术的身体，抚过我的刀口，它们是否会惊颤？是否会发抖？是否会因为恐惧而停止？是否又会发生奇迹，具有抚平我心灵和身体双重创伤的魔力？

以上种种感知与念头在我心里与身体里交织，我说不出话，呆坐一旁。

这样一个烛光摇曳的夜晚，我不愿意走进一个可能如同我当年做癌症手术所在的医院一样洁白的诊所，也许是一样苍白的房间、白色的床单，我不愿意躺到一张也许同样冰冷的按摩床上……我心里压根就抗拒诊所，我盯着托尼，终于直直地吐出一句话：

“托尼，你结婚了吗？有女朋友吗？”

托尼愣了，显然对我直愣愣的提问感到很意外，他茫然地看着我回答：“我没有结婚，目前也没有女朋友，我的两个弟弟倒是年纪轻轻就结婚了。不过这和我愿意帮你按摩有什么关系吗？”

我还是苦笑，不过这次的苦笑，苦的程度减轻了，因为我感觉到一种轻松，托尼看上去也是一个单身汉，他的表情轻松快乐，没有任何的遮掩。他说他目前没有女朋友也正是我期望的。只是我看到托尼的愣与茫然，我又苦笑了，这苦笑里又有了对托尼的歉意，对自己直愣愣提问的无可奈何。我实在轻松不起来，尽管我来自中国，不会调情，但是我在德国十多年了，我知道德国人会调情，陌生男女在这样烛光摇曳的酒吧里，喝着酒，聊着天，认真或者逗趣或者调情地问问对方是否结婚、是否有女朋友也太正常不过了，而我那么直接、那么生硬地提那原本具有多种含义、多种目的的问题，托尼不发愣才怪呢。我不回答托尼的提问，我甚至心里明白自己直接，但是一时也无法改变，于是干脆直接继续说：“我也没有结婚，但是有一个儿子，两岁多。你愿意和我今天晚上过一夜吗？我是说，我们去旅馆开一间房。”

托尼睁大了双眼，他正了正一直很放松的身体，说话变得不流利起来：“这，去我那儿按摩我不打算收你的钱，可是去旅馆，现在这么晚了，虽然我知道哪里能订到房间，但我的钱包里没有多少钱。”

“钱你不用操心，我们去特格尔恩湖边的特格尔恩湖宾馆，一定还有房间，我带着钱。”我吐出了话，我的渴望一分一秒地变得坚决起来，我渴望这个夜晚在托尼的臂弯中睡去，任世界天崩地裂，任黄山上我自己儿子的父亲云和自己的亲妹妹……我渴望明天早晨在托尼的臂弯中醒来，外面是蓝蓝的天，特格尔恩湖中是蓝蓝的水，水里一如既往游着那些洁白的天鹅。这，就够了。

托尼这时好像也进入了我的状态：“梅，听我说，钱我也可以去自动取款机取。只是我想，你的儿子一定在家等你吧，你怎么突然……”

我什么话也没说，起身往外走。

托尼很快付了账，跟着我出了鸡尾酒吧。他抢到我的前边走，把我带到他的车旁，默默地拉开了车门。

站在车门口，我立住了，春夜的凉风给了我一丝清凉，也给了我一种很清晰、很坚定的力量，儿子的脸庞又回到了我的眼前，还有我摔门而出时父亲的眼神。

托尼敦实的身体站在车门旁：“梅，你一定有难言之隐，我不多问你。你想怎样？去我的诊所，我为你按摩，那样你会放松舒服一些，或者你一定要去特格尔恩湖旅馆，我也陪你去。”

我再次面对托尼的双眼，那双眼睛很单纯，充满同情又仍然有些不知所措，因为同情我而决意陪伴我。两个萍水相逢的人由于聊得来在几个小时之间建立起了信任，因为有了这种信任，这个晚上怎样度过变得根本不重要，重要的是，产生了这种信任的托尼想帮助我。这是一种人之初性本善的信任，这种人之初性本善的人性有时候被情、欲、利所左右，可能会向恶的方向发展。春夜的凉风横扫街头，我不可能多想，但是我从托尼的那份同情、好感（我当然也感觉得到托尼对我有某种程度的好感）与信任中获得了力量，我摇摇头：“不，谢谢你，托尼，我哪里都不去了，我回家。”

“好样的，我开车送你回家，你难道不敢上我的车了吗？”

“不，不用了，我自己回家。”我向一辆开过来的出租车招手，托尼紧跟在我的身后，他为我拉开出租车门，递过来一张名片：“梅，这是我的诊所，你可以随时来，我为你按摩，不要一分钱。”

“谢谢你！”我还是只有这三个字，出租车开动了。

彻底分手

那是一段黑色的日子。

一位朋友为了安慰我，提示我去看一部电影。我神情恍惚地走进电影院，看了当时引起轰动的电影《希拉里与杰基》(*Hilary and Jackie*，中文翻译成“她比烟花寂寞”“姐妹情深”)。这部片子重现了英国著名大提琴家杰奎琳·杜普雷和她姐姐的真实故事，杰基是杰奎琳的昵称。影片里，杰基对姐姐希拉里说，她要和姐夫做爱，当希拉里戒备地劝阻她，杰基悲愤交加，一个人跑到荒凉的旷野。希拉里在后面追赶她，冬天的旷野不见人影，一路却见到杰基的衣裙一件件随风飘落，希拉里惊慌地呼唤，跟随衣服的踪迹找到树林。赤裸的杰基蜷缩着坐在灌木丛里抱头痛哭，腿上被荆棘划得鲜血淋漓，她像一只不知道该如何保护自己的受伤的小动物。情欲和寂寞让她在煎熬中崩溃，她哭着对姐姐希拉里说：“你一点也不爱我，我仅仅只是想和姐夫做一次爱，但是你不肯给我。”心碎的希拉里脱下自己的大衣，在寒风中紧紧地搂住杰基，终于默默地同意了自己的妹妹和自己的丈夫去做爱。人性的复杂和脆弱到了极致，嫉妒、自私、宽容、深情、混乱和无助交融在一起。

在柏林，这部片子被议论得沸沸扬扬，那是因为片中的另一位主角，当今世界最著名的天才钢琴家和指挥家丹尼尔·巴伦波伊姆先生，2000 年秋天刚上任柏林国家歌剧院的艺术总监，杰奎琳是他的第一任妻子，他们的结合曾被誉为是金童玉女，艺术上的天作之合，但是现实中，他们的婚姻难以维持，巴伦波伊姆离开杰基时，杰基已经病了。杰奎琳本人已于1987年去世，电影一定让巴伦波伊姆先生重新回想起往事，再次感到人生无可奈何的痛苦、遗憾和愧疚，据说他只对电影说了一句话：“上帝，为什么（这部电影）不等到我死后再放？”

人们各自谈论着人世间曾经发生的以及可能发生的各种故事，似乎这个世界如今一切都有可能，各种标准、尺度、观念都失去界限、模糊不清，做突破界限的事情的人总会有新奇的刺激，即使没有做那些事的人谈谈那些事也是一种刺激。

现实比电影更残酷，电影里是精神和身体崩溃的妹妹请求幸福的姐姐给予超出寻常的解救。现实中，我因为云的出现，最终离开了我的德国丈夫，命运决定了我和他创造了我唯一的孩子。我患了癌症，已经晚期，身体变成了异体，云，我儿子的父亲，成了人世间与我的身体最亲密的人。自己一母同胞的妹妹也趴在他的身上和他做爱，我不能相信，永远也不能相信。现实中，是云让我的亲妹妹在我生命的低谷抽去我最后的依靠、自尊、性和一点可怜的寄托！

生命突然变得如此脆弱，像寒风中的一根树枝，随时都会被严冬折断，却不知还有没有下一个春天的发芽、变绿和枝繁叶茂……

那个春天，我的母亲总是对我说，“女儿啊，你要忍，你要活，云并不真爱你的妹妹，他只是利用你的妹妹来气你、气死你”。我不愿意听到母亲的话，我更不愿意接受母亲那样的话，说我儿子的父亲想气死我。但是母亲的话像先哲一样，她两个女儿的命运深深撕扯着她的心，她洞察到了人性中最软弱、最隐秘的地方。多年后我的理智也承认那是一个怪圈、一张铁网，因为我声称，云找别的女人都不会让我这么痛，而云也知道这一点，所以就偏偏把我妹妹拖进了这个怪圈、这张铁网。当年母亲又急又痛，她觉得她的两个女儿都毁在了一个男人手里，她灰白的头发几天之内全白了。母亲有过坚韧的传奇，在被切除脾脏大手术时，她曾因为医生注射的麻药不够而苏醒，她不哭，为了她的两个女儿。而如今，同样是因为她的两个女儿，她捶打床板，哀声哭号，几日内她的背上就长了许多可疑的紫斑。我的父亲肺部疼痛，不得已让我在柏林带他去做透视，并宣布，如果是癌症，不治疗，等死。

那是个春天，我们全家都笼罩在癌症与家庭破裂的恐惧中，做人的精神和信念也山崩地裂。

转眼间，我做出了决定，我、我的父母和儿子坦坦全部登上飞机回到了中国。

分别总是使情人缠绵悱恻，千吵、万吵，我和云曾一夜之中创造了我们可爱的儿子！千恨、万恨，我们一个多月前还在柏林手牵手依依惜别！儿子、云和我，我们一家三口又共同生活在了北京的屋檐下。每当云和我在一起时，我们从来都像是热恋的情人，只是我们的身体一旦分开，我被他伤过的心就又开始痛，这使得我们的相聚总是在争吵中度过。我对云说，如果他真爱我的妹妹，等两年，或者等一年，让我的身体稍微好一些，也让时间来证明，他是否真的爱我妹妹。云说不等，根本没有必要等，这样的回答又让我痛了，如果他说等我妹妹，我痛，可他说不等我妹妹，我依然痛。

三天之后的晚上，云打电话给我妹妹，让我在旁边听着。他清楚地说："终止关系。"

做姐姐的我是否重新赢回了自己的男人？

那个时刻，我没有喜悦，因为这件事情实在是让人高兴不起来，那个时刻，我木然，因为我听到自己的亲妹妹在电话那端的哭声。

其实感性的我和妹妹都难以意识到，血脉亲情都能被打败，那随着时间摇摇欲坠，甚至灰飞烟灭的男女之情，又何以维系呢？

妹妹在电话那端哭出了声，她是否哭出了她的真情，我不得而知，但我知道，女人总是怀着希望赋予男人真情与至情。何况是妹妹，她一定是铤而走险，豁出一切为了自己爱的希望。她陷入这个恋爱不比一般，纵然那时要决然离开自己的丈夫，这个并不足惜，虽然与丈夫也是多年的情分，但是女人陷入了爱情，又是更有希望的一段爱情，对丈夫的心就淡了，决然了，甚至对儿子，虽然儿子总是让母亲牵挂的，不过这时也放在了一边。来自父母的压力，妹妹也能将之置于脑后，对姐姐是有愧疚的，为了给自己的爱情找出理由，和云商量好了，姐姐患了癌症，身体不好了，以后把姐姐的儿子坦坦也接过去抚养，这一切的一切，都是激情中的男女为自己的情感做出的解释，尤其是女人，把她的一切都赌在这个男人的感情上了。但是男人呢？女人不知道男人并不是这样，至少云不是这样，他对我的妹妹一定有新鲜的感情，他甚至用这份新鲜的感情去刺痛我，恨恨地说我对他的感情不如我妹妹对他那么纯洁。不过云自己都不自觉，只要我静待几日，下决心把他抛诸脑后，他就会不由自主地向我示爱，示爱之后他又会产生自尊受伤后的怨恨。这时我的妹妹就是他最好的慰藉，因为妹妹是怀着希望崇拜他对他百依百顺的，男人轻松地享受着这份崇拜与柔顺，并不知为了实现女人的希望也将承受压力，而一旦压力袭来，男人放弃得也很轻松，因为女人的崇拜与柔顺并没有征服他的心。

云离开我妹妹轻松得出乎我的意料。他渴望一个家，在北京买了一个房子又一个房子，他把北京的家布置得像样了，和儿子坦坦及我在其中重拾欢笑，更是让儿子骑在肩上。但是他不知道，人性中的某些底线已被突破，伤口很难痊愈，至少需要时间。

由于云和我妹妹的关系，我和云之间的那份缠绵与争吵的关系变得彻底变味了。明明云已经宣布离开我的妹妹，明明他重新对我温情脉脉，明明我在身体上和云渗透相连，在情感上通过儿子和他息息相关，但是我在心底鄙视他的行为，他能够走向我的亲妹妹又离开我的亲妹妹，这双重的行为都让我痛恨。云又被我刺伤了，他不明白他做了多么低级的事，他觉得他被我妹妹爱着依然在向我示爱，我应该领他这份情。而那个无法放弃精神清白的我也在挣扎，即使有病在身，我也要离开云。而云有一个杀手锏：你如果不和我好，那我就去和你妹妹好。

我变得幻觉连连。

罗马梵蒂冈美术馆的大理石群雕《拉奥孔和他的儿子们》在我眼前不断重现。这座由阿格桑德罗斯等创作于约公元前一世纪的雕像中，拉奥孔位于中间，神情处于极度的恐惧和痛苦之中，正在极力想使自己和他的孩子从两条蛇的缠绕中挣脱出来。他抓住了一条蛇，但同时臀部被咬住了；他左侧的长子似乎还没有受伤，但被惊住了，正在奋力地把腿从蛇的缠绕中挣脱出来；他右侧的次子已被蛇紧紧缠住，绝望地高高举起他的右臂。那是三个由于痛苦而扭曲的身体，所有的肌肉运动都已达到了极限，甚至到了痉挛的地步。这座雕像表达出人在痛苦和反抗状态下的力量和极度的紧张，让人感觉到似乎痛苦流经了所有的肌肉、神经和血管，紧张而惨烈的气氛弥漫着整个作品。

希腊神话中特洛伊战争的故事讲到，希腊人攻打特洛伊城10年，始终未获成功，后来希腊人建造了一个大木马，并假装撤退，希腊将士却暗藏于马腹中。特洛伊人以为希腊人已走，就把木马当作是献给雅典娜的礼物拉入城中。晚上，希腊将士冲出木马，毁灭了特洛伊城，这就是著名的木马计。拉奥孔是当时特洛伊城的一个祭祀和预言家，他曾警告特洛伊人不要将木马拉入城中。这触怒了雅典娜和众神要毁灭特洛伊的意志，于是雅典娜派出了两条巨蛇将拉奥孔父子三人咬死。

这座群雕被发现的时候，拉奥孔的右臂已经遗失，并且两个孩子当中的一个遗失了手掌，另一个遗失了右臂。如今人们看到的雕像，遗失的手掌和右臂都被精心修复了，历史总是会被后人如其所愿地加以诠释。

那些日子里，我的眼前反复出现雕像被挖出时的样子，我感觉自己也像其中的人物，心灵和身体被极度扭曲，那座群雕是没有手掌和右臂的，就像我既失去了云也失去了妹妹。

我被纠缠在这命运之中。

很多次，我夜里噩梦不断，全身出虚汗，我梦见儿时的几个女友都和云有了暧昧关系，暧昧的时候他们并没有伤害我，只是对我视而不见。因为我痛苦也无法掩饰痛苦，他们就从我的痛苦中感到自己作为强者的得意，诡秘的微笑中闪烁着目击弱者的快乐。

她们都是我童年时最要好的朋友啊，云！你是我儿子的父亲，你怎么能这样，梦中我想叫喊，但是出不了声。

白天，我醒了，恢复了自控力。随后很多年，我看见别的姐妹亲昵就很不自在，我自己和妹妹也曾经姐妹情深，从小都是父亲骄傲的千金；我们互相曾经信任无比，无话不谈，所以当我听到妹妹在云那儿过年，一种亲密的快乐从心中升起，我曾经秘密委托我的妹妹监视我儿子的父亲云，这样的话对妹妹说了我都懊恼，对外人我是更不会说的。自从发生了云和妹妹的事情，我无法再信任人间姐妹的真情，尽管我的意志和理智从没有彻底丧失，但我看见别的姐妹手挽手就感觉浑身不自在。很多年后，我的身体在许多时候都能够完全和健康人一样快乐，甚至后来获得的快乐超过从前的快乐，但是心灵深处有些单纯的东西永不再有。

云被指责破坏我妹妹的家庭，他为自己辩解说，我妹妹和她的丈夫早已没有感情了，而且是我妹妹自己说的。不错，一定是我妹妹自己说的，云不是无中生有的人，就像我遇到云的时候，因为听到他说他的父母离异，他从小没有父亲，他有了孩子一定要给孩子一个完整的家，我被他的话感动了，就主动说了，我要和丈夫离婚了。女人有时为了情，会说出不可回头的话，并做出不可回头的事。云和我的儿子坦坦出生之前，我咬着牙闪电般地离婚了，而云在我做完癌症手术之后主动告诉我，他在我们的儿子出生不久已经和别的女人睡过了，再然后他又和我妹妹好了，然后我妹妹又离婚了，而云没过多久又看上别的女人了。我不再为云的所作所为惊讶了。

心，只能交予自己裁判。

时间流逝，癌症手术后，化疗、放疗、继续工作为家庭创收、抚养儿子并承受云与妹妹的事件，我在这样的生命变故中熬过了手术后两年癌症复发的高峰期。

云的同事向我传达，云和我妹妹还在继续联系。而在云的办公室，我明明又感觉云和他的年轻德国女同事也有暧昧，我希望这一切都不是真的。当事人就像网中的鱼，都是循着某个诱饵钻进了网中，有的暂时还活蹦乱跳，而我是浑身带血的那条鱼，我必须回到大海中，独善其身了。

云来了，铁青着脸。我们共同创造了一个儿子，我没有和他领结婚证，但是我为了这份情感，在我们的儿子出生之前就呈献了一张我和吉姆的离婚证，离开了我在德国唯一的亲人和依靠。现在，距离我做完晚期癌症手术只有两年多，我咬着牙和他清清白白地签署了一纸分手协议，上面只写了一句话：我们分手。

从今以后，我不再关注云和哪个女人来往，即便是我的亲妹妹。

大海，我能否再次深深潜入；高山，我能否再次雪中飞翔；舞场，我能否再次自由驰骋……尽管，尽管我的身体已刀疤密密，尽管我的心更伤痕累累。

第三章

还敢再爱吗?

患癌症于人意味着什么？医生的手术刀切去癌症肿块的同时也让人完好的身体留下永远的疤痕，医生一针一线密密缝合伤口的同时，人的所有自信统统也被那一针一线打上了无数的结。

手术后，我的身体永远地失去了肛门，只能带着一个人工大便袋生活，有时散发出臭味，我无比厌恶自己的身体，但又前所未有地渴望爱。

当我彻底断绝了和坦坦的父亲云的关系，我就成了患过晚期癌症的单身女人。

带着伤疤和残疾的身体，我还敢再爱吗?

我走进了柏林社交舞厅。

经历了戈尔德。

经历了亨德瑞克。

厌恶自己的身体

当我从大手术中醒来之后，医生告诉我，为了保全我年轻的生命，为了杜绝癌症的复发，我的肛门被彻底切除了，这意味着，我只有一个人造肛门了。

人造肛门是什么？即使在我手术之后的那段时间，我自己也不清楚，而且我也不愿意搞清楚。当我躺在病床上的头几天，我任由护士摆弄我的身体，我处在一种对自己的身体漠然、不愿多想，甚至放弃的状态。

几天过后，当我的身体有所恢复，当我的意志也重新恢复，当护士把我从床头扶起来，对我说："黄女士，从今天起，您要看看我怎样为您处理您的人造肛门了，您要自己开始学习清洁您自己的身体啦。"我勉强地支起我的身体，猛然间，我看到一个红嫩嫩的造口，我像被人重击了一下，有一种窒息感，但是我心里已经跟自己交代过很多遍了，要认命，我必须面对今后的自己，因此我没有叫出声，也没有倒下去，我只是无助地看向护士。

护士正温和并坚定地看着我，并不给我软弱的机会。她开始帮我清洁造口，我被自己身体散发的那种气味呛得别过头去。接下来的几天，我仍然不能适应自己的造口，护士开始边教我怎样处理造口，边轻声说："黄女士，这是您自己的身体啊，您要自己适应它，而我只会帮您在医院的这段时间，只有您将和自己的造口相处一辈子。"

又过了几天，我问护士："这样的人造肛门能保持多久？"其实我的心底已经不得不开始接受这个伤口，而且又极其害怕和关心这个人造肛门到底能使用多久。当我变老的时候，它将是什么样子？

护士和气地宽慰我："这将是一个漫长的过程，您要自己开始适应它，您动过大手术，和常人不一样了，但是如果您调整好自己了，我也认识像您一样情况的人，几十年后还带着人造肛门活着到老。"

患过晚期癌症动过两次大手术又留下伤口的人怎样生活？怎样面对自己的身体？我曾经在电视里看到失去双手的人怎样用脚指头织布，用脚吃饭。生命是奇迹，就像我现在几乎每天流着血，生活该怎样前行？

如今，我又彻底断绝了和坦坦的父亲云的关系，我就成了患癌症后的单亲母亲。

我断绝了与云这个身体的所有联系，这个和我在一夜之中创造了一个生命的身体、这个我上手术台前血流满床仍然爱过的身体，这个我病后重新为之开放、更屈辱相依的身体。断绝了与云这个身体的所有联系，我迷茫，充满恐惧与脆弱。我的身体上交叉着两把大枷锁：一把是自然的，从成为母亲的那一刻起，我感到身体具有前所未有的排他性，任何其他男人的靠近都会让我感到玷污了自己、儿子以及儿子的父亲，儿了的出生让我的身体比以往任何时候都更强烈地只想与儿子的父亲相连；另一把是人为的大锁，由于患过癌症，做过大手术，身体被缝住了，身上有刀疤，更难再向新的陌生身体开放。至于除了这两把大枷锁之外我心灵的创伤有多深多重，那种失去云又失去妹妹的双重断臂感，我觉得唯一可以去度量它的砝码就是自己的价值观、自己的做人底线、自己的力度和勇气。如果我自己冲不出那个我的理智已经认为没有任何价值去固守的魔圈，那只能表明那个创伤苦海无边，我被窒息了、淹死了。人作为动物即使被迫以身饲虎的时候也会有强烈的求生欲望，人如果还有精神，他就会自我选择，他的精神越强烈，自我的选择性就越强烈。

人生漫漫而求索，身有宝灯心自明。我在中国南方看过湖上飘色，天黑了，飘色船行进在湖中，静静的，连船行的水声都听不见。最先飘过来的是一盏灯，静立船头的娘娘手中稳稳地托着一盏灯，面如宝莲，身直如松，功力自在体内，湖面的那一方亮了，不用看，船身自在行走。

人生在很多时候，那盏在悲剧中仍然追求自我完美的灯熄灭了，整个人像一艘黑洞洞的船行进在黑沉沉的海中，若不幸触礁，则彻底毁灭。若是保留自身的功力，奋力重新点燃那盏灯，生命之船将重新驶上生命的绿洲。

一个人总有几副面孔。

有的人善于几副面孔、有的人乐于几副面孔，有的人不知不觉呈现几副面孔，有的人无可奈何扮演几副面孔。

一个女人，大凡从痛经开始，经历恋爱、堕胎、结婚、离婚、生子……她的人生如同川剧变脸，自己倒成为看变脸的观众，还没有完全弄明白各种变数与手法，最原始的面孔已经唰唰唰被多重面孔盖过。

16 岁走进北京最好的大学，初恋即尝到堕胎的滋味，那个年代，顶着护士多少有些鄙夷的眼光，下了手术台，我顾不得身体的疼痛就飞奔向他。好在不久，身体的痛就消失了，但岁月毫无意识的梦中却数次出现一个腾空的小生命，飘忽不定，向我诉说一种幽幽的依恋，成为心中永远的痛。后来出国留学，渐渐放开身心，嫁入德国知识富裕家庭，却始终难以满足于小资太太的碌碌无为，跨国婚姻终究破裂……唰唰唰，人生已经变过多重面孔，我始终还懵懵懂懂。直至我患了晚期癌症，半年内经受了三次手术，然后接受化疗、放疗……比身体的灾难还要深得多的另一个人生炼狱接踵而来——患了晚期癌症后，我又成了单亲妈妈。

多年以后，我认定，我的真正人生，是从我断绝和云的关系的那一刻开始的，是从患晚期癌症后成为单亲妈妈开始的。

在患晚期癌症之后，我依然选择了自尊与自由，我想挣脱那些枷锁，不甘深陷于那种脆弱，我想战胜那种恐惧，我想寻找一点前行的光亮。

柏林社交舞厅

柏林有个“社交咖啡舞厅”，是有名的成人社交场所。我曾经和前夫吉姆去过一次。

“社交咖啡舞厅”的追逐游戏是通过“桌子电话”来进行的，每张桌子上都有“桌子电话”，所有来咖啡厅的单身男女都时常随意地绕桌子，眼睛不经意地漫过座上客，若是看上了一位，就默默地记下“桌子电话”旁插着的桌号。不久，幸运者的桌子电话就会轻轻地响起来，电话内容绝对只有通话的两人知道。“社交咖啡舞厅”的追逐原则跟着咖啡厅舞台下的银光转筒走：银光筒上显示“女士挑选”，女士请男士跳舞，男士不能拒绝。显示“男士挑选”，男士优先请女士跳舞，女士有权拒绝。每张桌子上还有精美的卡片，上面诚恳建议：男士若恳请女士，可去咖啡厅服务处订一枝玫瑰赠予女士表达心意，此时女士则不应再拒绝邀请。

当年我走进咖啡厅时，感觉气氛果真很不一般，男人们个个西装革履，女士们个个闪闪发光、香气四溢。我感觉自己什么都差档次，衣着差档次，化妆品差档次，钱包里的分量肯定更差了不止好几档，最后甚至连年龄也差档，因为一眼望去，咖啡厅的座位上几乎都是胸有成竹的中年男人和线条成熟的中年女人。

五年过去了。

舞厅门帘依旧。

五年前，我有一个爱我的丈夫，然而我和他没走过文化背景的差异，更没能走过命运的坎坷；短短激情中出现了云，我和他生了一个儿子，梦想着一同奋斗，做中德文化活动，但是儿子出生不久，云就回中国开公司挣钱去了，我和云其实针尖对麦芒，水火难容。如今我既失去了丈夫，也失去了云，我心性依旧，甚至心性更高。只是我的身体不再依旧，我不能再像当年那样，穿着低腰露肚脐的牛仔裤，以青春压倒全场进入。心灵上的伤口可以掩饰，身体上的伤口穿低腰裙裤就掩饰不住了，但是我小心翼翼穿上了在北京做的那身新舞服，特意设计的斜线遮住了我的伤口，并让仍完好的一边腰部若隐若现。

踏进舞厅，我目不斜视地穿过整个大厅，我知道其实可能根本没有人注意我，但我依然很紧张。做母亲之后我很少参加社交活动了，患病之后更几乎很少出门，发生了云和妹妹的事情之后，我更觉得连面对一些老熟人都很难，我的身体和心灵除去工作和儿子其实是深深封闭着的。现在，面对一个陌生的社交场合，我内心很紧张，穿过大厅之后，我一级一级往休息座椅的高处走，走到最高处，坐下了。

我没有欲望，准确地说，是没有力量一进舞厅就跳舞，因为从家里出来、走进舞厅、形单影只一级一级穿过很多对舞伴的身边走到舞厅的最高处，我所有的勇气和力气都耗尽了。我静静地、默默地坐在舞场的最高处，内心很感激没有人注意我，我能心情恬静地听着音乐、望着舞池里的一对对舞伴。看来连卖酒水的侍者都不指望从我这里挣小费，他在我座位的前后左右各个方向穿梭，就是没有到我的桌子边问我喝点什么。一个晚上听听音乐、看看跳舞对我来说就够了。一个多小时后，我连水都没有喝一口，径直穿过舞场离开了社交舞厅，我感觉放松了，从音乐和舞蹈中我获得了力量、获得了愉悦。

我还会再来，我对自己说。

亨德瑞克

几天之后，我再次走进舞厅，我不再那么紧张了，依旧坐在最高处的位子上。一位男士来请我跳舞，我马上答应了，很想快点感受一下这个久违的舞池。那位男士基本只会一二、一二地走着，舞步实在没有任何感觉可言，我礼貌地和他跳了几曲，建议回座位，那位男士绅士地陪我回到我的座位，完全自行其是，他叫来跑堂，支付了我桌子上已经点了的一杯饮料，然后又给了跑堂 20 欧元，吩咐跑堂那是供我继续点饮料喝的，然后礼貌地离开了。第一位男士刚离开，又一位男士过来请我跳舞，我的眼睛亮了，因为在舞池里我已经看到这位男士了，他跳得不错，可惜是搂着别的女人，而我却和前面那位男士踩着没有感觉的步子。音乐声中，我与这个新舞伴互道了彼此的名字——亨德瑞克和梅。

几曲之后，亨德瑞克陪我回到座位，他带着一点点诡异的表情问："可以和你坐一会儿吗？"我诚恳地欢迎他，因为很想和他继续跳舞。亨德瑞克坐定，叫来跑堂，为自己要了一杯饮料，他看我还剩下半杯饮料，低声补了一句："你也再来一杯？""谢谢，我还有。"我低声回答。亨德瑞克的声音又继续轻悠悠飘进我的耳朵："刚才和你跳舞的那位为你付账啦？""他一定要付。"我好像辩解似的轻声答，我感觉到自己的脸有一点发烧。

我发窘的神态看来正在亨德瑞克的期待当中，因为亨德瑞克笑了，是那种达到目的之后有点得意的笑，又是一种放松释然的笑，好像把他刚来时的一点点诡异都冲洗掉了。他安慰般地对我说：“亲爱的女士，不用担心，我向你担保，到这儿来的所有人都只是想跳舞放松，即使为你付了账也不是为了性，不会像无赖一样纠缠你，你没有任何危险。哈哈！前面和你跳舞的男人我认识，他来这儿好几年了，他就那样，因为舞跳得不怎么样，就乐于为舞伴付账，但不是为所有的女人付账啊，得是他感觉好的，想感谢的，哈哈！”

不知是由于道出了熟人的隐私还是感觉到了我的窘意，亨德瑞克有点兴奋得意，他的手自然地搭在沙发背上，离我很近。说也奇怪，我跳舞时和舞伴勾肩搭背都觉得自然，现在跳完了舞，亨德瑞克坐得离我不远，手又快搭到我肩上了，亨德瑞克看上去百分百放松自然，我心里却有点不自然。我不讨厌亨德瑞克，我在亨德瑞克的哈哈大笑中努力克服自己的那些难为情，我体会到亨德瑞克那种微微强势的姿态。在德国，我常常遇到男人这种微微强势的姿态，大部分时候他们是善意的。面对我这么一位东方女子，如果我不由自主地显现了窘态、怯意，德国人，尤其是德国男士们，很乐于表示点什么、解释点什么、分析点什么、帮助点什么，而如果我在继续交往的过程中表现出不错的理解力，那男士们就更来劲了。那天我努力放松自己，我好奇地问亨德瑞克：“看你对舞厅的人都熟悉，那你来这儿跳舞时间不短了吧？”

“哈，几十年了！”亨德瑞克大笑，“梅，我可以抽支烟吗？就一支，而且很淡的。”我点头同意，鼓励他说下去。

他点着了烟，轻轻地吸了一口，却吐出一口长长的烟圈：“从我 17 岁开始，我就来这儿跳舞了。”

看到我惊讶的表情，亨德瑞克朝我又挪近了点，舒展地笑着：“从 17 岁开始我就打着领带来这儿跳舞了，可不是几十年了吗？我喜欢这儿。”亨德瑞克很干脆地说我喜欢这儿的时候，也很干脆优雅地弹了下烟灰，然后继续说，“尊贵的女士，出于礼貌，我不便问你的年龄，但是我应该能猜到，因为你的年龄写在你的脸上、你的手上、你的身体上，刚才我对着你的脸、握着你的手和你的身体一起跳过舞了。”亨德瑞克漫不经心地朝我的脖颈和薄薄的舞服又望了一眼，我敏感地想着这是不是有点轻薄。

亨德瑞克继续舒展地笑着，他的声音又恢复了诡秘，带着磁性，飘进我的耳朵：“还有，梅，你是亚洲女人，亚洲女人都显得年轻，你的实际年龄比你看上去大一些！？”

我看着亨德瑞克，无语，下意识地保护自己。亨德瑞克抽完了那支烟，把手伸向我：“走，梅，我们继续跳舞去。”我解放似的马上站起来跟着走。舞池中亨德瑞克带着我旋转到乐池边，向乐队的主唱点头致意，然后绕着舞池转大圈，再转到月池前，音乐变成了恰恰，两个人又面对面扭上了，这样不停地跳了一个来小时，手术后我从没有这样剧烈运动过，我感到一阵一阵的晕眩和眼睛发黑，但是碰上亨德瑞克兴奋的目光，我不能停止也不愿意停止。直到乐队宣布休息了，我谢过亨德瑞克马上离开了舞厅，我感到双腿发软，跳舞的时候在旋律与节奏中，如同一个上了发条的钟，自动地走着，终于停下来了，才感觉我脚步踉跄。

原来我的体质这么差了！我心里又惊又怕。

几天后，我又去跳舞，看到亨德瑞克站在吧台边和人聊天，吧台那里基本是男人的世界，我和他打了一个招呼又走到舞厅最高处我的老位子上。有两个男人来找我跳舞，都只会一二、一二地摇摆，我实在觉得有点无聊，就径直去吧台找亨德瑞克，亨德瑞克一口喝干了杯中的饮料，转身和我旋进了舞池。

“梅，以前我在舞厅好像没有看到过你。”

“五年前我来过一次，然后就是现在。”

“那你何时学的跳舞？”

“几十年前！”我说这几个单词时尽量模仿亨德瑞克上次说他几十年前就进舞场时的得意语调，亨德瑞克感觉到了，大笑：“好啊，梅，你才来这个舞厅几次，已经老练了不少。你今天的气色比上次好，你还开始吹牛了。”

我正色道：“你说你17岁开始在这里跳舞我相信。你知道，中国有人十一二岁就上大学，你信吗？就是神童、天才！我小学、中学总共上了九年半就毕业了，不像在德国需要悠悠闲闲上学13年。我在中国16岁就到北京上大学了，上了大学我就开始学跳舞，比你开始学跳舞早一年，距现在几十年了，你算算，你说过你能猜准我的年龄，信不信就由你啦！”

亨德瑞克脸上立即满是诚恳的歉意。

“哦，梅！我相信你。怪不得你舞跳得这么好。”亨德瑞克马上想起了什么，“哈，梅，中国很神秘。我在日本工作过一年，回德国时路过上海和香港停留了一个星期，可惜没有到过北京，我当时应该多在中国看看。”说着亨德瑞克好像又想起了什么，他牵着我的手出了舞池，把我送回座位，坐到我身边，要了饮料，拿出一支烟：“和上次一样，就一支，行吗？”

亨德瑞克点上了烟，吐出长长一圈，眼光闪亮，脸上显出藏宝卖宝人般的神秘：“梅，我在日本工作时，读了一些关于日本的书，可惜很少读关于中国的书，但是关于中国，前不久我读到一本英文书，*Wild Swans*.”

“中文书名叫《鸿》，作者叫张绒，她生活在英国。”我立马接口说。

“对，对，就是这本书，很显然你也读过。”亨德瑞克看上去真的很高兴我也读过这本书，但同时也表现出一丝藏宝人卖宝不成的遗憾：他好不容易读过一本关于中国的书，看来在我面前也没有什么可谈的了。我察觉到了，后悔自己嘴太快不给人家留施展空间，我马上热情地提问：“你对书中的哪些部分最感兴趣？”

这时，乐队奏起了一段旋律，亨德瑞克的蓝灰色大眼睛望着我，他突然恶作剧似的撩开桌布，看着我的双脚说：“书的开头我最惊讶的就是密斯张描写她的奶奶缠莲花小脚，中国的女人那时真的都缠脚吗？是真的觉得缠脚漂亮，还是想以小脚讨好男人？啊哈，我要看看，梅是不是也是莲花小脚，我要带着梅像美丽的莲蓬一样旋转。”

亨德瑞克拉着我飞也似的进了舞池。

我的裙子飞得真的像莲蓬，我的双脚则像莲蓬上的花朵。我的身体在随着亨德瑞克起舞，脑子却想到别的：张绒的书在德国、在欧洲，在整个西方世界真是很成功。我自己买这本书就是我的博士生导师米特教授推荐的，他比我还先读过这本书。我的博士生导师是学院高级知识分子，但是亨德瑞克是工程技术人员，他们都读过这本书，可见这本书的传播程度，很多德国人都是通过这样的书来了解中国历史和当代中国的。

那晚，我跳到精疲力竭，却感到无边的痛快，回到家我吻了睡熟的儿子好几下：妈妈有力气了，妈妈又活了，为了你，妈妈要健康快活地活下去。

从那以后，我经常去舞厅跳舞，既可以锻炼身体又可以排解心里的痛苦。

不知从什么时候起，亨德瑞克不再找别的女人跳舞了，只和我跳舞；也不知从什么时候起，亨德瑞克和我不再眷恋“社交舞厅”了，我们总是跳一个小时左右就默契地步出舞厅，在康德大街和哈登伯格大街之间的小道上漫步聊天，深夜两个人还会钻进雪茄吧里喝上一杯。这个世界连锁的雪茄吧里全是来自哈瓦那的雪茄，亨德瑞克会抽上一支，沉浸在雪茄的享受中，我则边听音乐，边放眼欣赏法国式优雅和略带哈瓦那南美风情的摆设。无论是听音乐还是欣赏摆设，我的眼睛都会偶尔瞟一眼对面的电影院，1998 年春天，云曾在电影院放映过电影《火烧圆明园》，那是柏林的中国人第一次在正规公开的大电影院里放中国影片，很多人都去看过。和云在一起时，我和中国的联系紧密了，如今没有了云，中国又遥远了。和吉姆离婚后，我好像在德国没有了根，那亨德瑞克呢，他算什么呢？亨德瑞克此时正吐着雪茄烟圈，他问：“梅，你在想什么？想中国吗？其实我和亚洲有缘，我在日本工作过，到过中国，我还娶过一个韩国太太。”

“哦！”我从沉思中回过神，看着亨德瑞克，我没有想到亨德瑞克这么主动地提起自己的婚姻，有点不知所措。

亨德瑞克笑了笑，耸了一下肩膀：“我和前妻10年前就离了婚。我们的儿子现在17岁了。”

“你的前妻做什么工作？”我拿不准自己是否真的想多了解亨德瑞克的前妻，但我不由自主地接着亨德瑞克的话问了一句。

“她是画画的，柏林艺术大学毕业的。”

“哦，韩国有很多女子在柏林学音乐、绘画，韩国的女子一定很贤惠吧。”我想起了韩国电视连续剧《黄手帕》，在国内偶尔看过几次，我很上瘾。说到韩国女子很贤惠时，我隐约有些不自在，其实中国女子是否就不如电视剧中所演的那些韩国女子温柔，这是根本无法一概而论的。自己是否就不如韩国女子贤惠呢，但是为什么潜意识里就有一点担心自己不如的感觉呢？

亨德瑞克笑得更深了：“我的前妻可不是这样，生孩子时她的体重增长很快，她的情绪变化更快，她还会打我呢！”亨德瑞克说这话时没有一丝嘲讽或者愤怒，最多可以说有点无可奈何的表情。他更靠近我一些，像对我描述一个于己无关的有趣故事：“你知道吗？现在我的儿子虽然和她妈妈生活在一起，但是他经常到我这里来，我们可是铁哥们。他妈妈有时还和我过不去，现在我可不想再挨她的打，我就对她说，别再和我过不去，带好我们的儿子，我会支付比离婚判决多一点的抚养费，否则，别想从我这儿多拿一个子儿。哈哈。”亨德瑞克又吐出一圈，做了个鬼脸继续说道，“你知道，我严格按法律判决支付儿子的抚养费，如果我的前妻不找我的碴儿，我还会多给一点。哈哈！”亨德瑞克说支付他前妻抚养费的时候我心里也在盘算：亨德瑞克说过，他在西门子公司工作，他和我跳过几次舞，听说我是博士时，他也嘟囔了一句，博士头衔他也有一个，我知道，亨德瑞克还是个部门小头目。德国著名西门子公司的一个部门小头目，他离了婚，要养儿子，要支付抚养费，他的工资还够他这么悠闲地上舞厅，完全看不出亨德瑞克盘算我的钱，和我在一起，他每次都付账，但是他绝没有挥霍的作风，每次付账时他总是含蓄地笑道："就喝一两杯，我还请得起你。"

亨德瑞克含蓄不张扬的笑让我着迷。

亨德瑞克说了自己的婚姻故事让我心里踏实，他是个离了婚的男人不要紧，重要的是他现在是个自由人。

有一天晚上，亨德瑞克在雪茄吧里抽了一支，我喝完了一杯红酒，我们依然兴致勃勃，出门相拥来到康德大街上，初春的寒风里我来了酒兴，向前跑了出去，大声地说："啊，亨德瑞克，你知道这条康德大街名字怎么来的吗？早在本世纪三四十年代就有很多中国留学生因为康德这个著名哲学家的名字而非要租赁这条街的房子。"转眼间，我们来到了康德大街上著名的巴黎酒吧，已经深夜了，巴黎酒吧也只有寥寥几个客人，女招待站在门口准备打烊。亨德瑞克紧紧地拥着我，我的裙子和长风衣都飘起来了，我想到了著名摄影师罗伯特·杜瓦诺的照片，那张著名的巴黎摄影《市政厅前的吻》，蓬乱着头发的男孩与一位身材窈窕的女孩正在巴黎街头接吻。《市政厅前的吻》曾一度被认为是杜瓦诺在巴黎街头真实捕捉的画面，但是后来真相揭晓，《市政厅前的吻》实际上不是偶然捕捉到的镜头。杜瓦诺当年看见一对情侣在巴黎一家咖啡馆外热烈拥吻，于是他请求这对情侣再吻一次给他拍照。但这并不影响1986年之后的5年里，这张照片共发行了41万多张，它诠释了享誉世界的法国浪漫风情。而现在，不是在巴黎，而是在柏林有名的街道上，在有名的巴黎酒吧前，我心醉神迷，亨德瑞克神采奕奕，我们同时脱口问道："还可以进去喝一杯吗？""没有问题，请吧。"女招待看到亨德瑞克和我的快活想成全我们，她的笑容也像巴黎女郎一样热情迷人。

那个晚上亨德瑞克和我难舍难分，可亨德瑞克并不送我回家，不问我的电话号码。已经深夜两点多，他最后还是像往常一样，文质彬彬地为我招来出租，为我拉开车门，甚至并不约定何时下次重逢。

他另有女人吗？一个尖锐的声音在我的耳边响起，尽管我还不能确定我们的情感与关系，但是我的心里没有别人，我希望亨德瑞克的状况也和我一样。我吃过单相思的苦，我曾经对德国男人斯特凡动了情，我和斯特凡在一起也很情投意合，但是后来我发现斯特凡还有另外的女朋友，感情全部投入的我得不到对等的回报。我曾经非常痛苦，觉得单相思浪费生命，这是我的感受与信条，我也不愿亨德瑞克成为我生命中的第二个斯特凡，我下定决心不往亨德瑞克的情网里陷。

戈尔德

跳了几次舞之后，我对整个舞场有所了解了：全舞场只有不多几个真正的高手，亨德瑞克几乎全都认识他们，在舞池里擦肩而过时，他会和他们打招呼，其中有几个高手是一对一对的，他们几乎不和别人跳。戈尔德是整个舞场的高手之一，他一个人来，和不同的女士跳舞。一天在过道中，戈尔德和亨德瑞克打招呼，亨德瑞克把我介绍给戈尔德。乐曲响起来了，戈尔德就势问道："我陪梅跳一曲行吗？"亨德瑞克笑笑点头。一曲终了，戈尔德和我回到过道，却找不着亨德瑞克，他没有继续站在过道里，已经回到了舞厅最高处我和他的老座位上，也没有看我们，正悠然地抽着烟。戈尔德意犹未尽地说："梅，那我们再跳几曲。"我兴致勃勃地和戈尔德继续跳舞。自从来到这个舞厅，在以前邀请我跳舞的男士中，亨德瑞克跳得最好，而现在我感受到，戈尔德跳得更好，他跳得更专业，不过从人与人的气场来说，我还是和亨德瑞克更投合，亨德瑞克属于那种更绅士、更含蓄、更文化的类型，坐着的时候怡然自得，谈吐幽默，带着有分寸的搞笑；进到舞池中，跳到出汗的时候，他微微谢顶的前额会锃亮起来，跳到疯狂时，亨德瑞克才眼睛大放光彩，活力四射。戈尔德比亨德瑞克明显年轻一些，开朗直率，热情洋溢。旋转中戈尔德问我："你舞跳得不错，以前为什么没有看到过你？可以告诉我你的电话号码吗？我带你去别的地方跳舞。”

戈尔德和我又跳了几曲就把我送回了座位，他和亨德瑞克又聊了几句，然后离开了。亨德瑞克像了解知己似的对我说：“这个家伙也是舞迷一个，到这里跳舞也有十多年了。

那天晚上我很开心，我和亨德瑞克两个人跳舞很投合，并不刻意追求舞技，而戈尔德那天和我跳了几曲，就明确指出了我跳舞中的不足，我来舞厅跳舞是想放松与锻炼身体的，当然我也是爱美的，很愿意提高自己的舞技。当晚回到家已经很晚了，很奇怪的是电话铃声还响了，没有想到是戈尔德打来的，他在电话那端热情地说：“梅，你的舞跳得好，但是还要提高，我们应该去真正的舞场，社交舞厅是以社交为主的，没有高手。”我答应了，因为戈尔德邀我去专跳阿根廷探戈的舞场，正是我喜欢的。

有了戈尔德每周几次主动的电话和约会，我下决心不去柏林社交咖啡舞厅碰亨德瑞克，尽管我每次去的时候，亨德瑞克都或早或晚会出现。前一段时间与亨德瑞克这种过于默契的交往发展到让我想挣扎的地步，每次相聚，我和亨德瑞克投合又情意绵绵，分手后又成为没有任何约定的陌生人。现在，戈尔德的单纯主动让我很受用。

一天，戈尔德约我周六的下午去他的朋友卡德琳娜家跳舞。到了约定的地铁站口，看到我，戈尔德眼睛放光：“我的上帝，你穿得这么漂亮性感。”

“是周末，又是去跳舞，还有你这么一个好舞伴，我自然得下一番功夫打扮一下啊。”我心情愉悦地向戈尔德眨着眼，同时也恭维他，“看你，格子衬衫牛仔裤，身材好，穿什么都好看。”戈尔德把胳膊伸向我，让我挽着：“走，我亲爱的女士，到那边的点心店，我们还要买些糕点带去。”到了点心店，戈尔德选了五块苹果派、五块巧克力黑森林蛋糕、五块草莓奶油蛋糕，我惊讶地问：“这么多，怎么吃得了？”戈尔德笑着说：“我们不是去跳舞吗？运动了，多吃一点没有关系，吃不了，让朋友家留着明天吃。”路上，我开始后悔自己没有带什么礼物，并惊讶于戈尔德对朋友的付出：不仅去给朋友义务当舞蹈老师，还带这么多蛋糕。戈尔德认真地对我说：“宝贝，我这可是为自己的老年投资啊，交朋友要用心，我和卡德琳娜在舞厅认识的，交往五六年了，卡德琳娜是好人，她的一家都是好人，我教她和她的两个女儿、一个儿子跳舞，和他们全家度过愉快的周末下午，我希望这样的交往和友谊持久，人生需要有共同爱好的朋友。”

跳完舞从卡德琳娜家出来，戈尔德诚恳地要送我回家，我很久没有受到男人这样的呵护了，而且是个讨我喜欢的男人，我同意了。

家，空空旷旷。

我喜欢空旷。家具尽量少，把空间留给儿子玩耍，留给自己旋转舞蹈。我病后，父母来照顾我和儿子，这个空旷宽敞的家曾经有老人的呵护声与唠叨声，有儿子顽皮的笑声，隔三岔五还免不了有儿子骑着小单车在家里横冲直撞的尖叫声……那段时间我感觉不到家里的空旷，有时我甚至觉得没法安静与独处。自从出了云和妹妹的事，父母提前回国了，我动完癌症手术还不到两年就咬着牙病后开始一个人带儿子，这个家恢复了空旷。现在我和云彻底分手了，我的灵魂和身体都空空荡荡，这个家就不是空旷而是空荡寂寞了。戈尔德的到来让我的客厅充实起来，客厅已经好久没有这样私密的客人。我斟上两杯红葡萄酒，放上圆舞曲的音乐，酒不醉人人自醉，我的内心和身体都有一种渴望，但是那种渴望被病体深深地锁住了、封住了，但我感觉生命的最深处，更有力量要冲破这一切。

慢步华尔兹是温柔的，戈尔德托在我腰背的手也是温柔的，而且沉稳，带有恰到好处的掌控力。我感觉舒适，慢慢地融化，我克服心理和生理障碍需要时间，戈尔德随着音乐慢慢地把我搂得越来越紧，我则慢慢积累力量，戈尔德的气息在我的耳际：“宝贝，白天是你的衣服漂亮性感，现在是你的人漂亮性感。”

“你真的喜欢吗？我真想讨你喜欢！”

“我很喜欢！宝贝，你知道吗？你是那种第一眼看似平淡，第二眼看了你就想继续看你，和你聊上几句话就觉得你有趣，把你搂到怀里就越来越有感觉，让我舍不得放手的女人，从第一次和你跳舞我就舍不得放手了。”

戈尔德的话让我很受用，但不是百分百。在德国，用德语交谈，受到恭维我总是特别高兴，因为用德语交谈我根本没有优势，我既没有学会多少德国的笑话来显摆自己，也无法用多少中国的成语、妙语、歇后语去施展自己，因为中文翻译过去大多达不到效果，我用自己学的德语“客家语”和人家的母语沟通，人家还夸我，我当然就自己给自己打分似的多打了几分，有些自豪。但是戈尔德说，把我搂到怀里就舍不得放手，这话算是恭维我吗？我还不能百分之百享受这种恭维。在中国，十三四岁时，我的胸部相对比别的女同学高一点，我每天早上把胸罩死死勒紧，努力把自己的胸部压平一点再去上学。结果，后来我到了北京，成了著名大学的学生，我的第一个男朋友（也是名校校友）却埋怨我胸部太高不像处女，我伤心到了自卑的地步。十几年过去了，中国也发生了变化，中国男人开始会欣赏丰乳肥臀了，市场就变出了一打一打的妙方供中国女人丰胸增乳。到了德国，我解放了，我天然与德国女人一样丰乳肥臀，再加上东方神韵，我时不时受到男人的恭维，但是我对此依然有些惶惑，我成了男人搂着舍不得放的女人，但是要我百分之百地享受，我还是做不到。我感觉到，我这一辈子可能都不能像德国女人那样天性自然地享受这种恭维了，我这一辈子可能都不能像德国女人那样天性自然地享受身体的快乐了。不过我心里也明白，如果自己是个男人搂都不爱搂的女人，自己一定会更难受。

戈尔德的手随着音乐试探性地往下移动。

“你有睡觉的女人吗？”心情与感受都很复杂的我，问话完全使用直统统的德语。

“有。”戈尔德不遮掩，回答很干脆，“现在有一个固定的，有段时间还同时有两个。”

我大大地松了一口气，我并不希望戈尔德是因为没有女人而对我动真情。我对戈尔德与对亨德瑞克不同，我对亨德瑞克渐生情愫，而且是我当下唯一的情愫，我希望感受到亨德瑞克对我也有情愫而且是唯一的。而我对戈尔德只是开心喜欢，谈不上情愫，戈尔德有其他的女人不太要紧，他对我好，他讨我喜欢，这就足够了，我就没有任何负担了。我听到戈尔德在我耳边继续甜言蜜语："宝贝儿，但我这些天只是在想你，想了解你。"

"教我跳舞可以了解我。"我挣扎着想延长时间，戈尔德也不着急。

"好！你的背要挺直，再挺直些，臀部往上，再往上提，收腹，别往我身上贴，保持和我身体的距离，记住，跳舞的时候永远自己保持自己的平衡。"

我扑哧笑出声来，一半是出于自然，一半是掩饰自己的不好意思，我跳舞的时候总是将身体靠着点戈尔德，省着点劲，也因此有时重心不稳。我认为自己跳舞太不专业了，而戈尔德受过严格训练，参加过舞蹈比赛，我自己惭愧也为戈尔德自豪。

不知何时，戈尔德和我都倒到了长沙发上，又不知过了多久，我听到戈尔德的问话："这是什么？"

"你摸到什么啦？"我用尽全身力量反问。

戈尔德的手在游移，声音也游移："梅，这么长一条伤疤，是你身体的一部分？"

我不去看柔和暗淡的灯光下戈尔德的表情是什么样，我咬着牙继续："是啊，两年多前患晚期癌症做手术留下的。"

戈尔德的声音有一点发紧，但仅仅那么一点儿："什么癌症？"

"直肠癌，你害怕吗？"

"没有什么。这个对于你是已经发生了的不幸，你必须面对它。"

我的耳际、脖子印满了戈尔德温柔的吻，他的双手一刻也没有停止他的给予，但是他自己并不勃起，我还从来没有遇到过这种情况，我不知所措。戈尔德感觉到了我的窘态，他平静地说："你舒服吗？你舒服就行，别管我，也别介意，我一贯这样，有时为自己做爱，有时只为女人做爱。"

我放松了一些，我并不能完全享受，但是我知道，那把手术后横在我身体上的枷锁正在慢慢松动。

我嗅到了德国莱茵河畔一望无际的葡萄山天然佳酿的醇香，我感受到意大利漫山遍野橄榄树的油脂润滑……渐渐地，我变成了一朵法国莫奈的睡莲，同时又是一朵出淤泥而不染的中国莲花，墙上客厅中的油画《荷花睡莲》在我朦胧的双眼前晃荡起来。

我要啊，我要啊……我要爱，我要活……

但是从那以后戈尔德不再给我打电话了，我从内心当然希望接到他的电话。但是我自问与戈尔德并没有更多更深的联系，自己并没有爱上他，和他也没有像与亨德瑞克那样的默契和情投意合，对戈德尔只是简单地喜欢，两个人一起享受舞蹈而已，所幸戈德尔也只是喜欢我。戈尔德对我兴趣减弱甚至对我的身体感到害怕都是正常的，凭什么人家非要一直热情满怀地追求我呢？看来，患过癌症的女人能吓倒很多男人。

我对自己说，和戈尔德的交往也许正恰到好处，因为我还没有准备好进入爱情，我需要重新放松自己，开放自己，积聚爱的力量。

我在戈尔德的电话上留言："亲爱的戈尔德，谢谢你！我要带儿子回中国一段时间。我会永远记得你教我跳舞。"

戈尔德，我永远不会忘记他为我病后身体的开放陪过一程，我会永远记着他的身材和舞姿，我还记着他的话："为自己的老年投资，结交朋友并诚心给予朋友快乐。"

腰部以下的动作

戈尔德后来不打电话约我了，我有一点失落，但更多的是从他那里获得了力量。回到中国后，我不再关心云是否和别的女人或者和自己的亲妹妹来往。

放、放、放，放开别人，也放开自己。我不做瑜伽，但是我每天闭着眼沉静地提醒自己好几遍，放、放、放，放开别人，也放开自己。

舞蹈在我的身上注入了生命的力量。到了北京，我拿出刚刚认识的北京舞蹈学院的一位院长的名片，打电话到院长办公室，几经周转，办公室工作人员给我介绍了一对舞蹈老师。

2003年那个春天，似乎创世以来所有的细菌都苏醒了，一场莫名的SARS病毒，昼夜不停地在整个地球上肆虐蔓延。街上的行人好像颠倒了季节，把十几层的棉纱口罩罩在脸上，一罩就是一整天，经历了那场灾难的人，许多年以后，还会活在那种惊恐里。

我当时像亿万其他人一样，被蒙在鼓里。我告别了德国首都柏林的空气，带着三岁多的儿子坦坦，回到祖国的首都北京。白天我走在北京的大街上，穿行在地铁里，经过许多戴口罩的人身边，我浑然不知，大口大口呼吸着祖国首都的空气。我天天把儿子坦坦送到北京临时上的幼儿园，后来我听到一些传言，说有一两个孩子病了，没有上幼儿园了，但是我继续像其他大多数人一样，把坦坦送去幼儿园。

2003 年的春天，我在北京的那个寓所没有私人的隐秘可言，光洁的地板，整面墙的落地窗，几十平方米的大空间，除了一张床，再没有任何一件家具，美国式开放厨房闲置一角，我没有做过一顿饭，哪怕是一次汤，寓所里没有任何油烟的味道，一个地道的家庭小舞厅。两位舞蹈老师来了，我拿出德国巧克力招待他们，却全然不知他们是不是穿越了整个北京，穿越了许多白色口罩，把许多 SARS 病毒抛在了身后，来赴我的舞蹈约会。我夜夜学跳舞，在舞蹈中浑然不知灾难即将来临。

两位舞蹈老师是令人赏心悦目的一对，男老师身材匀称，每天都是深色的一身衣服，进门时最抢眼的是脚上那双看来有点年头但收拾得干干净净的皮鞋，换上舞鞋后最抢眼的又是脚上那双舞鞋。女老师则不同，每天都会换一件着装，一件不同风格的坎肩，一条不同颜色的围巾，每天这一点点小变化，都使她拥有不同的韵味，她的服装都不张扬艳丽，而是样式别致，交谈中她对我说："我的大部分衣服价格很便宜，重要的是你得到对路子的地方去买。下次你回北京，我陪你去逛。"

我问两位舞蹈老师是否去过欧洲，他们笑着说还没有去过，最想去英国。这辈子去英国黑池的交谊舞大赛跳一次舞就够了，男老师笑呵呵地说。

2003 年 4 月 18 日，星期五，我把儿子留在北京，独自回柏林了。从北京回到柏林，我才真正意识到什么是 SARS。以前我回到柏林，第二天准到住得最近的朋友家吃早餐，大聊一通分别后的见闻。可现在朋友把我拒绝了，说实在很抱歉，你从中国回来，我们家孩子小，怕传染。我知道那就是说，根本不用再向其他人报告自己回柏林了，因为我最要好的几个女朋友都跟在我后面陆续生了孩子，她们的孩子都比坦坦小。这个 SARS 看来很厉害，好像连打电话都会传染。周六商店还开门，我像个还没有被人识破的麻风病人似的，把自己从头到脚包裹起来，抢着上街买了点吃的喝的储备起来，然后我一连几天待在家里，足不出户，边收拾屋子边听广播中的爵士乐台，可是那爵士乐台也不只播爵士，每播送一段爵士中间就不断重复着中国的SARS病毒消息。4月21日，周一，中央电视台报道，卫生部、北京市政府主要领导人变动，免去张文康卫生部党组书记职务，免去孟学农北京市长职务，这两项人事变动，看来与应对“非典”不利有关。

北京“非典”已蔓延。从此，卫生部每天公布疫情。

我把一些老爵士CD盘也都翻出来听，路易斯·阿姆斯特朗、艾灵顿公爵大乐团，但是我更偏爱听个人唱片，如查理·派克和杰瑞·莫里根。我喜欢反复听查理·派克和迪西·葛列斯比的CD，并不在于他们一个是萨克斯、一个是小号，而在于从他们诠释的作品中品味他们的性情，比如他俩都吹过格什温的一首小曲子《我难以起步》(*I Can't Get Started*)，我很爱听这首曲子，确实有那种感觉，人生都活了几十年，总是难以起步。查理·派克一扬声就显露出他狂放、天生才子的性情，葛列斯比则收敛一些、理性一点。在听音乐时，我感觉到自己的变化，五年前我更钟情于查理·派克，但此时此刻，我已经更淡然地在葛列斯比的演绎中和他交谈。

不到十天，儿子坦坦也逃难般地被送回德国，据说是一架飞机中的最后一个座位，连他的父亲云也不能同行，而只能坐另一班飞机。我接到云的电话，立马坐上了柏林到法兰克福的火车，从法兰克福的机场接到了戴着白色大口罩的儿子坦坦。坦坦的柏林幼儿园还好，让我带坦坦去做几个检查，检查结果没事就让坦坦回幼儿园了。一个月之后，我的朋友们才纷纷打电话致歉，请我带坦坦去玩。我到每一位朋友家，开口就是爵士乐，我吼叫着比莉·哈乐黛的经典名曲《你变了》的歌词“你变了。现在一切都完了”，然后我哈哈大笑，你们变了啊，不要我和坦坦了，可是我们没有完，我们还好好的。

再说那时我一个人回到柏林，过了几天，我的身体虽然没有发烧咳嗽等迹象，为了避嫌我自觉不去看朋友，但是我感觉我可以去跳舞了，没有了戈尔德，只有社交舞厅可以去了。

将近两个月没有见面了，亨德瑞克见到我的时候，有一丝不易察觉的欣喜，但我还是感觉到了，我自己心里也很感慨，竟有种灾后重逢的感觉。我们两个人感觉相通，亨德瑞克很快把我带进舞池跳了几曲，亨德瑞克越来越轻松：“嗨，梅，你来了，我放心了，知道你是安全的。你们中国到处都是SARS，好，你在德国就好，这里很安全。”亨德瑞克扶在我腰间的手比以前紧一些，我心里因为戈尔德的一段插曲对亨德瑞克有点歉疚，我把头往亨德瑞克的肩上靠了靠，两个人更默契了。在亨德瑞克的臂弯里，我感激之余突然又有了一种恶作剧似的得意：告诉你我一周前还在北京，你准会吓一大跳。不过这话我只是藏在心里，嘴角边飘出的是另一个句子：“可是我有很多亲人在那里啊。这阵子我在家里边听爵士边听新闻。”我不由自主地表达着自己这些天的爵士情结。

亨德瑞克笑了：“爵士，在日本工作时，我的一个日本同事也酷爱爵士，他还送给我一本小书，是日本的两个超级爵士乐迷和田诚（Makoto Wada）和村上春树（Haruki Murakami），一个画家一个作家，作家写的日语我看不懂，画家把那些美国爵士乐手可是画绝了。有意思，他后来借给我许多爵士唱片听。”

我们两个人边说边回到了座位，我由着自己的爵士热侃侃而谈：“众所周知，爵士乐一生下来就是个混血儿。它是西非的炙热阳光、法兰西的浪漫精神、黑人与生俱来的反抗精神的奇妙混合体。现代舞之母邓肯，她鄙视宫廷舞，认为传统的华尔兹、玛祖卡舞以及小步舞是病态的多愁善感，她还认为真正的美国舞者不可能引领芭蕾舞，因为美国人的双腿太长，身躯过于丰满，精神过于自由，无法适应芭蕾舞那种装模作样的优雅，正因为如此，她的舞蹈无拘无束、挥洒自如，她摆脱了解释性舞蹈的历史束缚，成为创造性舞蹈的先驱。”

“aber（但是），”我抿了一口饮料，看到亨德瑞克眼睛闪闪发亮地听着，我完全忘记了平时自己是多么反感德国人说“aber（但是）”，此时，我完全变成了一个德国人，和德国人一样扬扬得意地将那个“aber（但是）”拖得特别长，“邓肯女士，她这么一位时代的先驱者，却贬低爵士，我不说气愤，只觉得她太局限了。邓肯女士认为爵士乐是原始野蛮人的音乐，她可爱幼稚地呼唤未来美国出现一位作曲家，这个人将为美国舞蹈谱出不含爵士乐节奏的真正音乐，不要腰部以下的旋律，不要黑人舞充满情欲的抖动。但是历史不可阻挡，1927年邓肯不幸因车祸去世时，爵士乐正在美国走向巅峰，“二战”时美国大兵把爵士乐带到了欧洲，50年代后，虽然爵士乐在美国慢慢走下坡路，但随后兴起的却是摇滚，这大约也不是邓肯热切希望的能代表美国精神的音乐吧。哈哈！”

这时，乐队正好奏起了爵士旋律，亨德瑞克俯向我的耳际：“尊贵的女士，要不要来点腰部以下的动作？”

我们相视而笑，然后站起身来，迅速步入舞池，跳起了桑巴。

这个夜晚我们两个人又难舍难分，在舞蹈中我忘记了SARS。说也奇怪，因为中间插入了一个戈尔德，我一时不再想亨德瑞克是否有别的女人。

“梅，你知道吗？我在这个舞厅已经跳了二十多年了，我遇到过很多女人，来了，走了，结婚了，离婚了，又来了，哈哈！你要记住我的话，我总会在这里！”

亨德瑞克这个话什么意思？他不走了？不想再结婚了？也就不用再离婚了？！他想把舞厅当成他永恒的归宿？他娶那个韩国老婆的时候也三天两头泡舞厅吗？他后悔结婚了吗？不，好像也没有，因为他说过，儿子是值得的。

在那段谈论爵士的日子里，跳完舞后，亨德瑞克和我还会去爵士吧A－Train。

在偌大的柏林历经多年能够存活下来，变得有些人气与名气的爵士吧也就只有两个，一个在东边，一个在西边。西边的离我住处近，我们自然就去西边这个 A-Train 爵士吧。

爵士吧在一条小路的拐角，离社交舞厅不远，走路 10 分钟就到了。爵士吧的门帘很小，里面的空间也不足一百平方米，但是麻雀虽小，五脏俱全，一个吧台，一个小舞台，舞台顶上灯光很齐全，最里边还设有调音台。爵士酒吧的面积当然远远不如社交舞厅，社交舞厅有两个吧台，化妆间、厕所里永远都有侍者服务，但是 A-Train 爵士吧里出入的人是不一样的，外地游客、国际游客慕名而来的很多，要预订，像我和亨德瑞克这样临时跑去，很可能没有座位。这个爵士吧，听说也是有爵士迷掏钱支持的，否则还是难以维持的。爵士吧是 1992 年开张的，我 1995 年到柏林后不久去过一次，那时如果不是周末好像从来不用担心没有座位，2003 年的爵士吧已经很有名气了。

一个人去爵士吧的很少，大多三五成群一起去，我和亨德瑞克去爵士吧，留下的柔情蜜意多，留下的爵士感觉少，为什么呢？爵士吧里被拥挤得水泄不通，没有孤独的空间，而我听爵士需要点空间与陌生感，甚至孤独感（不知别人是否和我一样）。曲终人散，人一出门，就像一个飘飘悠悠的萨克斯管长音，一缕空落、一缕乡愁袭面而来。每次分手时，亨德瑞克照常为我招来出租车，天气好的时候，我摆摆手不要出租车，我也不指望亨德瑞克送我回家，我宁愿深夜独自走路回家，独自品味那空落、那乡愁……

不再见亨德瑞克

白天工作很多，我没有时间失落和发愁，中国的“非典”远隔千万里也还紧紧缠绕着我。

2002年，我在柏林倡议创办了第一届中德青少年艺术节，柏林市市长沃维莱特先生亲自担任名誉主席，400多名应邀参加的中德小艺术家们在柏林欢聚一堂，同吃、同住、同排练、同台演出，结下了深厚的友谊，相约来年北京再见。2003年，市长沃维莱特先生再次欣然担任第二届柏林中德青少年艺术节名誉主席，“非典”却突然袭来，报名来柏林参加第二届柏林中德青少年艺术节的中国团队和德国团队一个接一个都因为“非典”取消了行程。最后，中国只剩下一个团队，上海同济大学第一附属中学的合唱团坚持要来，更可贵的是德国也有一个团队坚持要来，他们是约翰里斯·布茨巴赫中学爵士乐队，他们不相信中国人一个一个都带上了“非典”病毒，他们相信中国抗击“非典”会取得成功，他们希望到柏林来和中国青少年交流。

为了两个团队，就耗费大量精力来举办一届柏林中德青少年艺术节，值得吗？事实上，我放不下这些跨越了千山万水希望相识相知的青少年，还有一个重要的动机支撑着我，那就是，我想利用这两个团队的到来，举办一场支持中国抗“非典”的大型文艺演出。

因为信念而激动，因为激动而有创意，在之后的两个月里，我和几个工作人员就陷入激动和创意的魔圈中，疯狂工作。

举办一场大型的文艺演出，场地、节目和观众是三大要素。柏林世界文化宫（Haus der Kulturen der Welt）是柏林多元文化的象征，建筑造型被誉为美国总统卡特微笑的大嘴，广场上有巨大的喷水池，周围有绿色的公园草地，身后是静静流淌着的斯普瑞河（Spree），柏林世界文化宫的旁边就是总理府，一个现代的白色建筑。不要说去看演出，柏林世界文化宫本身就是柏林观光一景，能在那里举办一场演出，对中德小艺术家及观众都是一个美好的体验。演出场地是我通过锲而不舍的努力才得到的，第一轮书面联系，回答是7月20日这天已有活动安排，但我不甘心，通过内部信息，得知那些天的场地是被一个每年都会举行的系列音乐会预订了，但那个系列音乐会恰巧在2003年的那一天没有演出。还有希望！我展开第二轮书面联系，用德语极尽所能地渲染中德友谊，以及全球抗击“非典”的重要性，结果场地就有希望了，但租金、技术人员的费用令人咋舌，要七千欧元左右。第三轮、第四轮联系，我还是不厌其烦地反复介绍中德青少年艺术节活动及其意义。最后，柏林世界文化宫明确以“出于文化政治的考虑把费用降到三千多欧元”。

对于一个小小的民间协会来说，为了两个学生团队的演出，这样的租金也已然不菲。

吸引人的节目很重要。我和同事们决定演出以上海同济大学第一附属中学纯净悠远的合唱拉开，中间穿插舞蹈，最后由德国爵士乐队登场，气氛逐渐走向热烈。

但是到哪里去找舞蹈呢？

在著名的柏林世界文化宫举办抗击“非典”演出的消息不胫而走，海外华人支持抗击“非典”的心是相通的，散落在各处打工、在不同场合表演过舞蹈的学生被临时聚集起来，六男六女，他们可以表演一个藏族舞蹈和一个汉族舞蹈《兵哥哥》。可是藏族舞蹈缺少服装，《兵哥哥》手中没有道具枪。我打了上百个电话，从国内临时定制了12套藏族舞蹈服装，紧急托人从北京送到上海，然后从上海由团队带到柏林，而中国的《兵哥哥》，道具枪就用德国的了。

在北京和那对老师练习了舞蹈之后，我了解到当时的国内国标舞和欧洲交流还不多。回到柏林后，我写了一封信给柏林舞蹈运动协会会长，他和他的夫人非常热情，恰逢第五届世界青少年国际标准舞大赛当年在柏林举办，他们马上邀请我作为贵宾观摩，并向我讲述了世界青年国标舞拉丁舞系冠军丽莎和丹尼尔的故事。为了形成最佳搭配，14岁的丹尼尔离开父母，从澳大利亚专程来到柏林生活，为的是和丽莎配舞，这个不远万里的搭配结出了硕果，他们共同成了冠军，看着那对年轻有活力的舞蹈新星，我非常激动，力邀他们为抗击“非典”演出献艺，丽莎和丹尼尔决定在国际比赛的繁忙排练中抽出时间参加。

我的老朋友，柏林神殿艺术学校校长林克先生决定派出著名编舞克斯先生率领柏林“快如光”超级现代舞团加盟参演。

中国民族舞、德国现代舞、国标舞……各种风格的舞蹈都将进行抗击“非典”的演出，我白天高度紧张、事无巨细地为青少年的舞蹈演出做准备，夜晚我就没有精力和亨德瑞克跳舞了。我就请亨德瑞克吃饭，说：“每次都是你请我喝饮料，这次我就请你吃饭吧，真心请，就高级点，餐馆由你定。”亨德瑞克马上定了牡蛎餐厅，说他就住在附近，柏林最豪华的选帝侯大街的最豪华地段，可以拿北京二环内的区域做比较，一个豪宅四合院会是天价，但是许多平民百姓也还住在二环内，柏林的这些豪华地段，老百姓也住着。

牡蛎餐厅顾名思义吃牡蛎，侍者个个都训练有素，身体笔直、态度友好、动作从容，从侍者的服务水平就能看出餐馆的水平。我做好了心理准备，打算破费一下好好请请亨德瑞克，自己也乘机和他好好享受一次。但是亨德瑞克亲自定了高级餐厅，却根本没有打算大吃大喝，他坚持只要了一份牡蛎海鲜汤，干脆地对侍者同时也对我说："就这些。"我平常也总喜欢花少量的钱点恰到好处的菜，但享受环境特别好、特别个性的餐馆，我心里感叹，我与亨德瑞克总是意想不到地默契。我收敛了自己大吃大喝的念头，乖乖地也点了一份牡蛎海鲜汤，心里觉得有点对不起这么好的餐馆与侍者，既出于礼貌也出于兴趣，我又点了一份梭鲈鱼浇白葡萄酒汁作为正餐，还有一份小的冰激凌，然后建议两人一块吃，亨德瑞克点头赞许。因为是吃海鲜，我们每人要了一杯干白葡萄酒（大部分牡蛎餐厅桌子上都放着一瓶酒，而不是一杯），共同要了一瓶矿泉水。饮料上来了，我和亨德瑞克一碰完杯就迫不及待地讲起了我近期的工作："这次演出，我们有中国的民族舞、德国的现代舞和国标舞，哈哈，各种不同的舞蹈。我很激动。你知道，就是我说过的邓肯，人们认为她是现代舞的鼻祖，认为她的舞蹈源自希腊，但是她认为，她的舞蹈是受到了她祖母的影响。她的祖母是从爱尔兰移民到美国的，很怀念故土，于是总是轻声哼唱着爱尔兰的歌谣，跳着爱尔兰的吉格舞，祖母所跳的吉格舞中融入了拓荒者的精神以及与印第安人战斗的历史，后来她祖父从硝烟四起的内战战场光荣返乡，唱着独立战争时期士兵们哼唱的流行歌曲，祖母也会随着祖父的歌声起舞。邓肯就是从祖母的舞蹈中学到了其精神所在，创造出了自己的舞蹈，所以，任何一种舞蹈都是蕴含了民族精神和文化的。"

亨德瑞克在听，在微笑。

我们的牡蛎海鲜汤上来了，我睁大了眼睛，侍者端着一个大托盘，从容地放下两个精致的汤罐（不是盘子），然后有条不紊地从托盘里放下法国长面包，当然已经切成小段，还有黄油、两种面包涂酱，一小盘无核绿橄榄，我略略吃惊又饶有兴致地看着、欣赏着。亨德瑞克看到我的神态，从容地对侍者说："请您迟一点上主菜，让女士慢慢喝汤并休息一下！"他边说边用询问的目光看着我，我快乐地点点头，心想亨德瑞克真是体贴，知道享用这么考究的汤需要慢慢来。侍者也从容地回答：“是，等您的吩咐，先生！”

牡蛎海鲜汤色泽柔和，上面漂着绿色的小葱，第一勺送入口中，哦，味道鲜美。因为盛汤的是罐子不是盘子，一勺一勺盛起来，需要一点时间，亨德瑞克将一小段面包放进我的小盘子里，我挑了和汤同样颜色的一种涂酱，涂酱味道也和汤差不多，只是比汤稍咸一点，然后再吃一颗无核绿橄榄，真是完美。亨德瑞克看到我很喜欢吃，此时才问道：“你喜欢这儿吗？”我连连点头：“嗯，你挑的地方太好了，我路过无数次，但是没有起过进来吃饭的念头。哦，刚才我说到舞蹈的民族性了，现在喝了会儿汤，下面讲一讲现代舞吧。”我望着亨德瑞克，他眼睛亮晶晶地表示赞同：“好啊，我尊贵的女士，请继续。”

“但是为什么又有现代舞呢？我认为，现代舞就是因为有现代精神，而现代舞之所以有更多的世界共通性，就是因为现代世界从交通相连、经济相通、问题相通，最后必然会走到艺术相通中去。德国的皮娜·鲍什，她之所以会取得世界性的成功就是因为她的舞蹈表达了世界共同的主题，她出生于1940年，“二战”期间，童年与死亡、回忆与遗忘在她的编舞中就成了一个挥之不去的主题。皮娜·鲍什说：‘我跳舞因为我悲伤，为对抗恐惧而舞蹈，我在乎的是人为何而动，而不是如何动。’”

说完我停下来，抿了一口酒，我看着亨德瑞克，鼓着勇气，有点紧张，因为我不知道我接下来的话会不会中亨德瑞克的意：“其实我并不喜欢交谊舞，中国的民族舞中那些约定俗成的动作我也并不很推崇，但是我推崇动作中的民族文化意义。我边跳舞边想那些创造了这些舞蹈的民族，或者我跳迪斯科，更或者我跳一段现代舞，都是沉浸在某种情愫中又想自由地表达某种情愫，但是跳交谊舞好像没有要表达的东西。仔细想想，无论是大学时跳交谊舞还是现在，我跳交谊舞最大的快乐是和舞伴跳舞感到快乐，在整个快乐的气氛中自己也快乐。”

亨德瑞克在听。

他微笑着，他的微笑透过他轻松地搭在我座椅后背的胳膊，温暖着我，他的微笑带着对我的赞许。我也笑起来，是啊，真傻，我刚才担心什么，告诉亨德瑞克我并不喜欢交谊舞，到社交舞厅去是为了排遣孤独，重新走向生活，但是最后我不是还是喜欢亨德瑞克，也喜欢和他跳舞吗？亨德瑞克当然高兴啊，我为自己的表白高兴起来，谈兴更浓：

“其实比之民族舞、交谊舞、芭蕾舞，我最喜欢现代舞，中国也有现代舞，我真的很佩服皮娜·鲍什，她去保守的乌珀塔尔剧院工作，一点也没有改变自己去屈从剧场。相反，剧场必须配合她，在30年中，她创造了最独特的作品，德国没有第二个剧场办得到，她要求剧院在舞台方面不断创新，创新后的舞台视觉效果很特别，把习惯于古典芭蕾舞台的乌珀塔尔观众吓住了。不仅吓住了，观众还对这种革新进行了公开的和私下的抵制。她坐在剧场最后一排看自己的演出，观众常常往她的身上吐口水，扯她的头发。半夜，她还会被说着粗野、下流话的匿名电话吵醒，打电话的人要她马上离开乌珀塔尔。直到许多年后，那批老的观众离开了，另一批年轻的观众进入剧场，现在皮娜·鲍什的作品演出时，乌珀塔尔剧院停车场上停着大量从外地甚至外国开来的车，她的舞蹈中有纯净的心灵、肮脏的肉体、满台的鲜花和绿地、真实的泥土和垃圾，其所发出的震撼力是无与伦比的。”

我一口气不停地讲着，眼睛里不由自主地充满了泪水，还不好意思马上去抹眼泪。亨德瑞克不是大惊小怪的人，他很能体会我的情绪，这时他微笑着搂过我的肩，用最自然、最从容的动作将冰激凌送到我的嘴里。我只顾讲着舞蹈，什么时候喝完了汤，什么时候开始吃的正餐，梭鲈鱼浇白葡萄酒汁是什么味道，我都没有真正品味，我沉浸在自己对民族舞、现代舞、交谊舞的感受中。这时我把自己的见解全部讲完了，口中含着亨德瑞克喂进去的冰激凌，神清气爽，我才看到亨德瑞克眼里充满爱怜与赞许，像对孩子似的。我就抽噎起来，哭了，又笑了。

吃完饭亨德瑞克与我相拥，漫无目的地散步，我们从奥利维小广场前行，经过列宁广场，一直把侯爵大街走到头，到达哈棱（Halensee）湖，我们两个人都希望围着哈棱湖漫步，但是有一半走不通，完全被私人别墅占据了，我们这才想起来，这是在柏林受到老百姓痛骂的一桩事。政府将湖岸的通道卖给了湖边的私人别墅，这样，住不起别墅的广大民众连在湖边散步的权利都没有了，虽然政府后来也很后悔。时过境迁，亨德瑞克和我还是将政府、房地产公司和几栋别墅自私的主人又挨个儿骂了个痛快，但是我们的双脚却只能走在湖边还开放的一小段路上，不能尽兴，已经成为法定私人财产的路段我们当然无权踏入。

那个晚上，亨德瑞克第一次提出送我回家，我们两个人都很乐于走路，反正那晚没有跳舞，就把走路当运动了。深夜我们才到达我的楼前，我感觉到亨德瑞克的踌躇，我也踌躇了，比之对戈尔德的轻松，此时此刻对待亨德瑞克，我就轻松不起来，随便不起来了。亨德瑞克借着灯光抬头看楼门上的雕花，仍然是微微地笑着，我咬咬嘴唇，也抬头微笑着对亨德瑞克说，谢谢他送我，很晚了，明天还要工作，改天请他进家喝咖啡。亨德瑞克依然微笑着，好像又和我达成默契了，他也不打算进楼。我控制着自己的语气，淡淡地邀请亨德瑞克去看我组织的中德青少年抗击“非典”演出，是免费的。我其实很希望他去，还希望他带朋友去，但是可能因为是我做的演出，我也不明白自己怎么就无法把内心非常希望亨德瑞克去的渴望表达出来。

2003 年 7 月 20 日晚，柏林世界文化宫。

上海同济大学第一附属中学合唱团的表演是一流的，他们的声音很干净，音准很好。

中国的西藏舞蹈一出场，服装就抢了大家的眼球。柏林“快如光”超级现代舞团虽然只派来了两名演员，但是他们用肢体淋漓尽致地展示了个人的内心冲突、挣扎和痛苦。

丽莎和丹尼尔的国标舞让大部分的中国观众神魂颠倒。

爵士乐队的节目只能排在最后，因为他们太狂了，全场欢呼起来。

演出到最后，上海同济大学第一附属中学合唱团再次登上舞台，和爵士乐队合作一首爵士版的中国歌曲《茉莉花》，他们的青春连在了一起，演出达到了最高潮。

时任中国驻德国的大使马灿荣先生发表了充满战胜“非典”力量的讲话。

中央电视台的记者赶到了柏林，第二天，国际四套播出了演出的新闻。观众席上坐着专程从波恩附近赶来的全德青少年艺术组织联盟负责人维特先生，他接受了中央电视台的采访。教育参赞刘京辉博士、侨界首领和德国各界友人也坐在贵宾席上。

演出结束后，后台的场面更加令人难忘，中德两国的年轻人各站一边，有些紧张、有些羞涩，有些期盼，他们手中的袋子里都装着礼物。德国领队老师动情地说：“亲爱的上海同济大学第一附属中学合唱团的学生们，我们在来柏林参加中德青少年文化节之前认真了解了一下中国，我们知道，中国菜最好吃（中国学生笑），中国的文化历史很长（中国学生笑），但是我们不知道，中国还有你们唱得这么美的歌声（中国学生的笑声更大了），我们想去中国，想去访问你们的学校（中国学生欢呼）。”

交换礼物后，友谊就从这里开始了。

仅仅过了10个月，约翰里斯·布茨巴赫中学爵士乐队在校长的率领下就起程访问中国了，他们成了我领导的协会率领去中国的第一个德国学生艺术团队。他们和同济大学第一附属中学、第二附属中学的学生艺术乐团共同演出。随后，同济大学两个附中同时和约翰里斯·布茨巴赫中学签署了友好学校协议，他们的互相访问持续至今。

在演出大厅我没有看到亨德瑞克。

我失望了，生气了。

果真如此，亨德瑞克并不关心我的工作、我的精神，他可能也不真正关心我是中国人，他只是和我跳跳舞卿卿我我而已。我如此伤心地想着，下定决心不再去社交舞厅，不再见亨德瑞克。

我想回中国

一个多月过去了，一个初秋的夜晚，我和几个朋友在酒吧里，耳边萦绕的音乐是我和亨德瑞克最爱跳的曲子，我突然和朋友们告别，冲到了社交舞厅。

亨德瑞克，坐在舞厅最低处靠近乐池旁的一张小圆桌旁，旁边还坐着一位女士，我故意经过小圆桌前，然后走到舞厅最高处我和亨德瑞克的老座位上，坐下来，定了定神。

过了好长时间，我不见亨德瑞克和那位女士走下舞池跳舞，也不见他到我的身边来打个招呼，于是我径直走到他的圆桌旁，向那位女士友好地点点头，指着亨德瑞克："我想请他跳一曲。"女士笑笑，表示同意。

亨德瑞克微笑着，看不出尴尬、不快或者别的表情，他的声音一如既往地平静而且清楚："梅，今晚我不能和你跳舞！"

"为什么？社交舞厅的规矩，男士不能拒绝女士，我就是要和你跳一曲。"

"但不是今晚。"

"我想要，就一曲。"我边说边又转向那位女士，"请您不要介意，我就是想和他跳一曲。"

女士略微欠欠身体："我不介意，但这是他的决定。"

我又转向亨德瑞克，心想我也很坦然，这位女士也不介意，你还能说什么。但是亨德瑞克的话还是差不多："梅，不是今晚，也许下一次。"

亨德瑞克始终微笑着，既不看我，也不看那位女士。我在那张桌子边站了几分钟，然后头也不回地走出了舞厅。

我给亨德瑞克留过电话号码，但是我知道亨德瑞克不会给我打电话的。现在，我的电话上破天荒地有了亨德瑞克的留言："梅，祝贺你！你做的演出很成功，我坐在楼上，也许你没有看见。你有一个多月没来舞厅了，真没有想到你又来了。记住我的话，我会永远在我的咖啡舞厅，你下次来的时候，我们还有共舞的机会！"

但是我从此再没有踏进柏林社交咖啡舞厅。

自那以后，我频繁回中国，有一次，我在电视上看到郭达和蔡明的小品时，饭碗差点滑出了手掌。郭达和亨德瑞克长得好像啊，那个头，那神态，只是一个说中文，一个说德语，一个眼睛是黑的，一个眼睛是灰蓝的。我很喜欢郭达和蔡明的小品，每次都惦记着看，每次看时又有点不是滋味，好像自己在偷看亨德瑞克，在想着亨德瑞克。时间久了，终于有一天，我走出自己的痴迷。舞台上的郭达是和蔡明搭档的，生活中的亨德瑞克是和我跳舞的呀，舞台上的郭达还急过，生活中的亨德瑞克跟我从来没急过，他是不愠不火的有情人，从容不迫的太平绅士。

我释然了，放开了。

从此，我看郭达和蔡明的小品百分之百开怀大笑，而且有一天，我也不再异常迷恋他们的小品了。

但有时我还是会出神地想亨德瑞克。

亨德瑞克有过和亚洲女子生活的经历，他年轻时遇到他的前妻，一位从事美术创作有品位的韩国女子，刚开始他一定觉得她充满东方的温柔神秘吧。他们生了一个儿子，离婚 10 年后他道出的最深感受是："我妻子还会打我啊。"那个单纯无奈的神情，让身为亚洲女子的我听了这样的故事，看着亨德瑞克那样子都有点不好意思。

人生走过一半，亨德瑞克开始变得小心翼翼，也许不可能再有当年的热情了吧。这些我不可能去问亨德瑞克，我还是那样一位中国女子，自己苦思一百遍，也很难开口去问他。而且我尽管心仪于他，但是理智上我总是会先问自己：你自己准备好了吗？在状态中吗？即将投入一场新的恋爱吗？

经过岁月风雨，我骨子里已经坚定无比。尽管我有儿子了，但我自己有时仍然是个孩子，有着无法克服的简单。不过，我不再像十几年前那样怀着浪漫的憧憬，用东方的温柔、忍让去屈就，遇到一个英俊的德国小伙子就以为他是西方王子；现在的我不仅对自己进行批判，也开始对德国进行批判，对德国人进行平等审视。德国已经融进了我的血液，但是我却很难再轻易爱上哪一位具体的德国人。

这样一个人思来想去，有点像《红楼梦》里的林黛玉，我翻来覆去就把自己给锁住了。

不再和亨德瑞克跳舞。深夜里，我梦见死神来邀我跳舞，异常温柔，人世间的任何障碍都烟消云散，爱人间的隔膜、朋友间的距离、父母的不解……一切都消失得无影无踪。我将胳膊搭在死神的肩上，几乎与他相拥而泣，我的眼睛直直地望着他，向他倾诉：你带我走吗？每一个白天，我自己都不知道路在何方，每一个夜晚我都魂牵梦萦，我有父母，还有 3 岁多的儿子，我刚刚开始工作，感觉真正的生命才刚刚开始，病魔又向我袭来，云走了，姐妹之情不再有……我该死吗？我不想死啊，你带着我跳吧，不要停止，带着我跳着舞回中国吧！

我娓娓地向死神诉说，不知不觉把死神当成了知己。

我在与死神共舞终结时醒来。醒着的我意志很坚定，我渴望爱，又的确没有准备好再在德国爱上谁。

我更渴望回中国。

我渴望在中国和德国之间自由行走！

中部

曾经的幸福时光

第四章

钢琴与爱情

我是嫁给吉姆了，我和吉姆是结过婚，又离了。

过去的事，尤其是那些过去了又无法挽回的事，就用不着想了。但是我总还是想，想什么呢？

吉姆到医院探视我之后走了，他留在我耳边的声音很低沉，但是顺序很清楚：坦坦、花、书……其实我渴望他说会为我弹钢琴，但是吉姆偏偏没有说。

我是爱吉姆，还是爱吉姆会弹钢琴？我这一代中国人，会弹钢琴的太少了，我在中国上大学的时候，好像全校园都在播放理查德·克莱德曼的钢琴曲，好像全世界钢琴曲只有一首《致爱丽丝》，但我在欣赏理查德·克莱德曼的《致爱丽丝》时，发现了巴赫，而且更喜欢上了巴赫。

初到德国，我爱一个人的前提是他会弹钢琴。

马蒂亚斯

刚到德国的时候，打工真苦。但是1990年的一天下午，阳光真灿烂，蓝天白云下红顶的德国小房子真好看。我穿着白衬衣黑裙子，套着件牛仔服，骑车去中餐馆打工，碰到了马蒂亚斯。

马蒂亚斯那时想从另一个城市到明斯特来攻读博士，后来他来看我了，在我简单的学生宿舍里，面对面和我喝啤酒聊开了。像所有的德国人一样，他问我来德国多久了，怎么来的。我心里想：是不是下一个问题就是像许多德国人一样问我何时回中国去了。但是马蒂亚斯没有，他继续问我学的什么专业，问我父母是做什么的，有几个兄弟姐妹，并告诉我他有4个兄弟，他最小。

马蒂亚斯和一般的德国人不一样，他没有一点傲气，有好奇心却没有潜在的距离感，他让我感觉亲切。当他对我说“你一个人在德国，生活很难吧”，一直轻松微笑着的我，突然哽咽了，眼泪几乎掉下来。是啊，我来到德国，生活的变化天翻地覆，仅在中餐馆站过一天酒台，但我那天刷的杯子要比我在中国生活二十几年刷的杯子还多。在中国优越地活了二十多年的女孩子，如今要为每天的面包去打工，那其中的酸甜苦辣岂是三言两语能说得清楚的，而事实上，还从来没有德国人如此直接地问过我。那天，马蒂亚斯就坐在我对面，眼神坦率，声音亲切，我心底的忧伤才表露出来。

那天晚上，马蒂亚斯和我在小城里逛，穿过明斯特大教堂前面的广场时，我兴奋地告诉马蒂亚斯，我在那儿见到科尔总理了。有一天，大教堂前聚集了一些人，忽然，人们闪开了一条道，科尔总理被人簇拥着走来，原来他是来竞选的。我真的没有想到这么容易就见到了总理，而且也不是人山人海，也没有什么讲演台，科尔总理就在大教堂前面广场的斜坡上发表了讲话。

“科尔总理下一届能当选吗？”我问马蒂亚斯。

“那是根本不用我们操心的事情，他是东西德统一总理。”马蒂亚斯回答我时已经站在了广场旁边的商店橱窗边，似乎马蒂亚斯更关心我的德语，而不是科尔先生是否会连任总统，他一一指着橱窗里面的陈列商品，不停地教我：“那是一个帽子，这是一条裤子。”他就像教一个小孩子，我不断地点头，忍不住发笑，就笑他把我当孩子的神情，其实尽管那时我才到德国 8 个月，但帽子、裤子这些词我早已认得。

忽然，马蒂亚斯迅速地向前跑去，转眼又回到我跟前，哈哈地笑道：“一只猫，我想逮着它让你玩玩。”他问我喜欢吃什么，我不再忧伤，几乎有些撒娇：吃冰激凌。德国的冰激凌真是太好吃了，五颜六色，各种各样，真的很好吃。马蒂亚斯也笑，快活得像个孩子，说没问题，我们就去吃冰激凌。

马蒂亚斯笑着向前跑了起来，穿过一片建筑工地，那旁边竖着“行人绕道”的牌子。他哈哈地笑道：“看啊，我偏走这里面，偏走这里面。”我忍不住捧腹大笑，那也许是我到德国 8 个月来最开心的笑。我被马蒂亚斯快活的情绪所感染，也变得快活起来，心里有种甜蜜温柔的感觉。

马蒂亚斯亲切地跟我说这说那，告诉我他的父母住在这个城市的附近，但他却在很远的另一个大学城哥廷根学习，现在他将回到父母身边，到明斯特大学来攻读博士。他忽然停住了脚步，转向我：“我读博士要好几年，你能等吗？”我愣住了：这是什么问题？这问题是什么意思？马蒂亚斯好像又明白了什么，笑笑不再继续这个话题，而继续说别的。他说他的父亲得了癌症，只能活 6 个月了，我听了心情很沉重。马蒂亚斯可能看到了我脸上的忧伤，反而转过来笑着安慰我不用担心，说他的父亲是医生，非常清楚自己的病，他说得那么轻松，真让我怀疑他是不是在讲他自己的父亲。

最后，我们坐到了一个冰激凌店里，我开心地点了一份大大的冰激凌，马蒂亚斯微笑着要了一份小小的。吃着聊着，到了我该回家的时候了，马蒂亚斯站起身去了吧台前，回来对我说可以走了，我说我还没付账，马蒂亚斯笑着说他已经全付了，我说这不行，我必须自己付，但马蒂亚斯已走出了店门，我只得跟在他身后。

走到大街上，我再次说我该付我的账单，马蒂亚斯说他付了是一样的，我说不行那不一样，马蒂亚斯停住了脚步，转向我，声音竟然有些涩：“怎么不一样，在中国是这样吗？”我也停住了脚步，转向他，声音也有些涩：“在中国是男士付，可是我知道在德国是分开付账的，分开付账这个词我是在德国学的，并且已经习惯了。”说这话时，我的眼泪差点不争气地掉下来了，自尊的委屈直往上涌，我一时多少有些忘了马蒂亚斯的存在，沉入内心独白的状态：我毕竟是个中国女孩，天生就希望被绅士们宠着，可是在德国的 8 个月，替我开门的绅士不少，帮我付账的绅士却没遇到，每次被热情地邀请参加聚会，最后服务小姐总是会向大家一一收款。当然是分开付，我心里却总是有种说不出的滋味，幸亏每次都是一帮人。嗨，我就是没出息，天生不如德国女孩潇洒，在她们看来，自己付账是理所当然的，她们对此毫不介意。

我这边想得出神了，那边马蒂亚斯听了我的回答，也愣住了，有些惶惑，有那么一会儿，我们就面对面地愣着。马蒂亚斯望着我，眼神里有说不清的意思，其中的爱怜却是明明白白的，他短促地说：“是一样的，我喜欢你。”他说“我喜欢你”这几个字时有些羞涩，但是迅速又坚决，我听了感动又不好意思。

我问马蒂亚斯他那天在马路上干什么，马蒂亚斯大约没完全明白我的问话，有些难为情，笑着迅速说，他远远地看见了我，觉得我骑车飞奔很可爱。我说我不是问这个，我是想知道你在干什么，这回马蒂亚斯轻松了，说他正想告诉我，他是在为从另一个城市搬到这个城市找房子，现在有满意的了，本来想找个单间的公寓，现在改了主意，找了一个套间，有七八十平方米，他忽然转向我："你会喜欢吗？"

我站住了，看着马蒂亚斯："这是什么问题？这问题又是什么意思？"马蒂亚斯笑笑，不再继续那个话题，而是吹起了口哨，一个欢快的旋律。

经过一路上不断地让我开心大笑，马蒂亚斯终于把我送到了宿舍楼前，我忽然感觉到我俩之间的空气有些凝固了，不知道怎样告别。最后我说谢谢，晚安。马蒂亚斯问，可以再来看你吗？我有些慌乱，却清楚地摇了摇头，顷刻间强烈的失望显现在了他的脸上，整个晚上马蒂亚斯第一次失去了笑意。他待在原地站了好一阵，也许在期待着我再说些什么，但我无话。马蒂亚斯终于走出了几步，回过头来向我招手，我木然地站着，拼命抑制着发酸的鼻子。

我怎么向马蒂亚斯解释呢？不要说才来德国几个月，德语说得还不够好，就算我的德语已经不错，我又怎么能让他理解我在德国的委屈和艰辛呢？可仅仅一个晚上，爱的情意好像已荡漾在我们两个人之间，我感受到了马蒂亚斯对温柔、活泼的东方女子的梦幻和自己对西方男子幽默、潇洒、快活的向往。但是我的自尊阻止我去和别人分担艰苦，我的自尊注定了我必须孤独地度过在德国最艰难的岁月。

打工的艰难岁月里，我时常想起马蒂亚斯的笑声和手势："你看，我是这么高，你是这么小。"他比画着，充满了爱意。我相信这份情感马蒂亚斯对那些和他几乎一样高大健壮的德国女孩是自然不会有的。我忘不了我说我最喜欢听钢琴曲，马蒂亚斯说他从小就学钢琴，以后可以天天为我弹。

“天天”这个词撞击着我温柔敏感的心，让我千百遍地回味。

马蒂亚斯没有再来看望我，也许他根本就没有来明斯特，也许他的父亲很快去世了，也许他的生活很快发生了大变化，也许……一切都只能永远是也许，只有爱意和温暖变成了诗：

深夜里

一

深夜里，
雨过天晴的时候，
最不肯将息。
独到的情怀，
对着满世界的寂静，
开放。

二

黑暗中，
你划根火柴，
安详自在。
飘过的烟味，
可是一道弧线，
把我俩轻轻连在一起。
不知道心的距离，
是否也这样亲近，
让我甜蜜。

三

请你给我两个太阳，
一个照在我身上，
一个亮在我心房。

斯特凡

到德国的时间在流逝，我由在国内的执着压抑转向开放轻松，年轻的生命重新强烈地渴望爱与被爱。但生活中尽管有男孩子或近或远地出现，爱与情却和我无缘。一方面，我怀着热情享受着集体和单身生活的快乐，和一些同学及朋友去滑冰、游泳、跳迪斯科、参加音乐会等。时不时我还背上旅行包独自一人上了高速公路，截车去遥远和陌生的城市，看那里的教堂、自然和风土人情。另一方面，随着时间的推移，我越来越感到爱与情的无所寄托，有时觉得一切都索然无味。

这时，斯特凡出现了。

1992 年初春的一天傍晚，我穿着粉色的针织及地长裙懒懒散散地准备去楼道的浴室淋浴，忽然，我想起浴巾还在地下室的洗衣房，于是我匆匆忙忙去取了浴巾。当我沿楼梯拾阶而上时，我看到一个面孔陌生的男孩从楼门闪进，他穿着运动服，显然刚跑完步，当他跟在我身后来到我住的楼层时，我奇怪地想，这层的邻居我都认识，这人我却不曾见过。

当我进了自己的房间拿了浴液重新往浴室走时，这人却站在楼道里看着我发呆。我问他找谁，他摇摇头。于是我往楼道公共浴室走（德国学生宿舍男女厕所的浴室是混合着用的，谁用谁关门），转身关门时，却发现他愣在门外，我也愣着问，你这是干什么。他说没什么，我觉得您很美。

我说了一声谢谢，就把浴室的门关上了。站在淋浴喷头下，我回过神来，感到头有点晕，回想着他那笔挺的身材、运动的姿态和他说“我觉得您真美”时那种不献媚又脱俗的神态，我全身的每一个细胞都在念叨同一个名字：马蒂亚斯，马蒂亚斯。那个晚上我没有去赴几个同学啤酒花园的约会，一个人坐在房间里出神，我的心有一种强烈的感觉，我对自己说：如果说我已经错过了马蒂亚斯，那我不能再错过他。

但我又一次犯难了：不知他的名，不知他的姓，不知他是谁。好在可以确定他应该就住在这个学生宿舍里。第二天，我在宿舍楼的入口处赫然贴上了一张启事：一位中国女子，于 × 年 × 月 × 日，星期 ×，傍晚时分，将她的水晶心遗失在楼道上，哪位男士拾到，请物归原主。”落款是我的房间号码和名字，我是那幢楼里唯一的中国人。

几天过去了，没有人送回我的水晶心。我终于忍不住了，一天晚上，我挨个儿去敲门，敲一次门，我的心怦怦地跳几下，门开了，不是斯特凡，我又失望地道歉一次。好在上帝没过多为难我，大约敲到第五六个门时，开门的是斯特凡，那一刻我们两个人一个愣在门里，一个愣在门外。

我静静地看着灯光下的斯特凡，他有一张比马蒂亚斯更长的脸，嘴唇也更薄，尽管在浴室门前的那一瞬间我几乎就要脱口叫马蒂亚斯的名字了，然而细细看时，他只是斯特凡。就我的审美趣味来看，他的脸不如马蒂亚斯长得端正，他们的身材却很像。

斯特凡灰色的眼睛有英国绅士的味道，举止也有股迷人的味道，他也的确刚从英国学习一年回来，所以在楼里我还从来没见过他。斯特凡问了我很多问题，我们还谈了各自的爱好，谈了很多音乐，主要是我问，斯特凡答，因为斯特凡弹钢琴，又吹萨克斯管。

斯特凡给我详细地解释巴赫的 24 首赋格曲，因为我当时正迷恋巴赫的音乐。那天晚上，我被斯特凡迷住了，斯特凡肯定也觉察到了，因为我感觉斯特凡一开始时那一丝说不清的惶惑与不自信正在消失。

当斯特凡看到门口站着的我，并把我让进门时，他说他从没想到过我会理睬他，因为那天他追随我得到的感觉是，我这个亚洲女子将他看成了个不知趣的人，他说我在浴室里说谢谢的声音时让人感觉很冷淡，关门的声音也很响。我感觉到那晚斯特凡跟我聊天越来越自如，还说会帮我学习德语等。

然而，那天晚上我有些失眠，潜意识里的失意笼罩着我，直觉告诉我，斯特凡和我不会互相拥有，我解释不清其中的原因，但直觉从来就是千真万确。我压抑着自己不再去找斯特凡，尽管我已知道他就住在二层楼下。但我在邂逅了马蒂亚斯之后积蓄了近两年的感情在奔涌。就像我感觉的一样，斯特凡也并没有像他说的一样重新出现在我的门前。一个星期过去了，我再也忍不住不去见这在异国他乡的孤寂中唯一让我感到快乐的人。

我径直下楼去敲斯特凡的门，他穿着很随意的衣衫，脖子上系着一条小纱巾，在中国小纱巾是女孩子的专利，但在西方，男子系一条纱巾你不会觉得他女里女气，反而感觉很别致。我和斯特凡都很客气，互相很有礼貌，就是没有碰撞。在斯特凡的房间里待了一阵，我带着失意离去，随之而来的却是对斯特凡更强烈的渴望。

从那之后的几天，我都是在思念和压抑中度过的。一周，我能忍住不去找斯特凡，但到了周末我就再也忍不住，让我疑惑的是，我周末却找不到斯特凡，他根本就不在。回父母家了？大部分德国学生并不是每个周末都回家的。为了解脱一下自己，我和朋友去荷兰度假了。

度假回来后，我感到轻松了一些，强忍着不去找斯特凡，挣扎着去会一些别的朋友，以免独自在房间里挨过思念的时光。一天晚上，斯特凡突然出现在我的宿舍门前，我请他进房间，他笑笑地问我为什么晚上经常不在，说他看我的房间没有灯。我心里高兴，为他还会注意自己的行踪而激动。

斯特凡说他是来履行他的许诺帮我学习德语的，做听写练习，斯特凡念一段文章，我速记，然后斯特凡再做语法修改。我们两个认真地学习了一会儿，突然接吻上了，当两个人再度分开时，已过去了两个小时。我是在沉醉中度过那两个小时的，不知斯特凡怎样，因为当两个人眼睛再度相对时，斯特凡又是那么沉静和不即不离了。

后来我们出去散步，初春的夜晚吹来阵阵凉风，我的心却热得要醉，那时我的恋爱经验只有初恋，虽然不成功，但和中国的男朋友两个人都是百分之百投入的，从一开始就没有距离感。到德国后我遇到了马蒂亚斯，他是那么真诚而富有同情心，如今身边的这个男人，我很为他着迷，但直觉告诉我他不可信赖，或者说，他保持着距离，不给我这份信赖。

斯特凡偶尔会用手扶一扶我的腰，我必须抑制住自己不倒在他的怀里。“上帝啊，他就偏偏不真诚地拥抱我。”我痛苦地要叫出声。我的直觉告诉我斯特凡不可信赖，这直觉千真万确，但我却柔情如水。

当斯特凡把我送回宿舍房间门口时，我依然感到自己的脸烧得通红，迎面碰到的却是斯特凡平静的面孔和带着笑意的眼睛，他温柔地揽了一下我的腰，一只手从我的面孔抚下，另一只手随即把我送了出去，转过身去，他的手又从我的脖颈滑下，我的整个身体都要瘫软了。

上帝作证，斯特凡在和我调情，我拼了全身的力量把他推开。斯特凡要走，看到我失望的面容，他抚摸了一下我的头：“梅，你知道吗？对别的女人我能随便，对你我不想。”我心里痛苦地大叫：“你为什么要对别的女人随便，又为什么不想对我随便？”嘴上却什么也说不出。只问斯特凡是不是还会来看我，斯特凡说好，下周二来。虽然要熬一个周末，我还是快活地点点头。

周二的晚上我守着一枝玫瑰苦苦地等，一遍又一遍地走出门去看斯特凡的窗口什么时候亮起灯，深夜里我等得胃一阵阵地绞痛，斯特凡窗口的灯却始终没亮过。

到了凌晨三点左右，我去敲斯特凡的门，手抬起时，我的手居然碰到了钥匙，就在门上。我顺手开了门，发现斯特凡已躺在床上了，他好像一点也不吃惊，静静地问："梅，是你吗？"我无声地坐到床沿上，借着窗口透进的月光看了斯特凡一会儿："我们不是有约会吗？"我的声音并没有什么气愤。"哦，我忘了，去同学那儿聚会去了。"

一个忘记了约会的男人，你对他生气又有什么用呢？我心里这么想，说话声音就冷了下来，音调不高："斯特凡，我在你身边躺一会儿，好吗？"

斯特凡无声地掀开被角："梅，你在发抖，身体很热。"

我回答："我等你等得胃都疼了。"

斯特凡行云流水般地开始抚摸我，这种抚摸介于性与无所谓之间，我不言语，感觉胃痛好了一些后，我起身离去。月光下斯特凡还是那样静静的，也不言语。

经过这个晚上，我彻底放弃了"爱"，"情"却更加放肆地奔腾。我对自己说：好吧，就不问过去和将来，不谈责任和彼此拥有，放任地去享受他的温柔，放纵自己的情和欲吧。

我变得轻松了，不再羞羞怯怯，不再压抑自己的思念，想斯特凡就去看他，斯特凡似乎迅速感觉到了这一点，对我有时很冷淡，我难受，但也不知怎么办。我心里想：爱情不是单相思，而是碰撞，斯特凡明明喜欢我，也明知我为他着迷，可他就这么平静地让我独自燃烧，而从两个人之间的感觉来看，斯特凡对我不投入简直是不正常的。

答案很快就有了，我发现斯特凡每个周末都回家。哪个男子不钟情？如果他没有别的女人，他一定会愿意留在我身边和我一起过周末。我默默地看到了这一点，并不去点破斯特凡，只是笑笑地告诉他和他在一起时自己是全心全意的，问斯特凡是不是也一样。斯特凡望着我，眼睛稍微动了一下，说他和我在一起时就只想我，我说那我就满足了，我把"满足"这个词拖得长些，斯特凡定睛地望了望我，似乎想说什么，但终于没有说出来。

后来，斯特凡主动告诉我，他有一个女朋友，相处很多年了，所以周末回家。出乎我意料的是，我说我不在意他有女朋友，其实我那时内心深处已决定不在意斯特凡。

斯特凡好像对我很是难舍，和我的关系就有一搭没一搭地温柔地往前走着，我们一起去看由杜拉斯的小说改编的法国电影《情人》，坐在斯特凡身边，我平生第一次体会到什么是情人，体会到情人不能真正拥有的痛苦。那之后的一段时间，无论是共同散步还是共同做饭，我们俩都会不约而同地哼《情人》的主题音乐，共同回味电影中的画面。有时空气突然凝固了，我们彼此对望，我觉得身体中烈火在燃烧，但是我总是咬着嘴唇对自己说：你是中国女孩，宁愿独自燃烧变成灰烬，也不许让自己变成一堆无骨烂泥。

我决定走出明斯特这个憋屈的小城，换个大点的城市读书，谈到要走，我和斯特凡之间的谈话就有点冷淡，也有点紧张。最后，斯特凡说他会开车为我搬家：“梅，我送你到新大学，我们一起待几天，那几天我只属于你。”我一如既往地渴望和斯特凡在一起，但临行前，我断然谢绝了斯特凡，决定独自开启新生活。

斯特凡送给我他弹奏的钢琴曲，我收下了，听过一遍，放入箱底，不再开启。

我曾经和一位中国男士讲过这两个故事，讲完后，好像两个故事都是烟云往事，我喃喃自语：斯特凡弹的钢琴曲，我后来不听了。马蒂亚斯说天天为我弹钢琴的，真想听啊，听一辈子，却一首也没有听到。那位中国男士一直沉默地听着我的故事，像听天书，中间一句话也没有说，最后问了我一个问题：你就非要爱一个会弹钢琴的男人吗？

吉姆

后来有一位德国男子，他曾经把钢琴弹入了我的生命，他就是吉姆。

吉姆当年走近我的时候，首先吸引我的是吉姆读书。吉姆是工科毕业的学生，但是他的双肩包里任何时候都有书，即使没有背包，他的口袋里也总有一本书。德国有一种口袋书，是雅译袖珍本。

吉姆每次都拿出他包里的书给我看，五花八门，我几乎都没有读过。后来我才明白，我读过的书都是文学史上盖棺定论的世界经典名著，而吉姆读这些经典名著不多，从小他家里就总是放着德国最著名的《明镜》周刊，他的阅读基本上是跟着《明镜》周刊上列出的时下《最畅销书排行》选择的。只有茨威格和海明威例外，是吉姆经久不衰的最爱。

吉姆读书基本上只读原文，包里经常是德语、英语、法语、西班牙语的书。我大学学的专业也是理科，但是没有好好上过地球物理专业课，时间都花在图书馆里读世界名著了，我很愿意用德语将自己在中国跟着世界文学史读过的名著统统向吉姆罗列一次。

英国文学我读得最多的是勃朗特姐妹的书，第一本是《简·爱》，我告诉吉姆，上大学和上研究生时，《简·爱》的一段爱情宣言被许多女生推崇，我为吉姆朗诵："你以为我是一架自动机器吗？一架没有感情的机器吗？我的灵魂跟你的一样，我的心也跟你的完全一样！我现在跟你说话，并不是通过习俗、惯例，甚至不是通过凡人的肉体，而是我的精神在同你的精神说话；就像两个人都经过了坟墓，我们站在上帝脚跟前，是平等的——因为我们是平等的！”

朗诵完了，我激情犹在，抬头盯住吉姆，意思在问：“吉姆，你听懂了吗？我们是平等的。”但是我却碰上了吉姆困惑的目光：“我也读过《简·爱》，但是一定没有你那么认真，你朗诵得很好，但是你们为什么喜欢这段话呢？你们在中国和你们的男朋友不能平等吗？”

我被吉姆一下问住了，只会反复地说这是追求一种精神，难道你不追求精神吗？吉姆对我说，他最喜欢笛福的《鲁滨孙漂流记》，他建议我去读一读，开开心。我心里想，生命是悲壮的，怎么有时间去读些玩儿的书。

关于法国文学，吉姆和我一起聊过雨果、巴尔扎克、大仲马、司汤达、梅里美的一些名著。我迫不及待地告诉吉姆，中学课文有莫泊桑的小说《项链》，那个可怜的小公务员的妻子玛蒂尔，借了女友一条钻石项链去参加上流社会的舞会，结果弄丢了，然后四处举债买了一条价值三万六千法郎看上去相同的真钻石项链还给女友，结果历经十多年洗衣挣钱的辛苦还债，完全变成了一位手粗衣破的老女人。有一天，她又偶尔在大街上碰到女友，女友告诉她那条项链并不是真钻石项链，才价值五百法郎。到了德国，我才完全相信，首饰店里那些琳琅满目、做工良好的钻石首饰，如果没有专业眼光，的确真假难分。

但是吉姆对我这些儿时的知识和记忆反应不大，只是好奇地听着和笑着，友好地表示：“啊哈，你们课文中有这样的法国作品。”我真是失望极了：“你们为什么都没有，这不都是世界最最有名的作品吗？如果学的东西都完全不同，怎么会有共同语言啊？”

为了引起吉姆的共鸣，我鼓起勇气向吉姆假装不经意地谈起英国作家劳伦斯的《查特莱夫人的情人》，心想这可是几年前我们整个研究生院秘密传读的作品，男生更是个个读着这本书入魔，这本书吉姆应该也曾迷恋过吧，我心里都有些得意了。哪知吉姆似乎压根就没有觉得我谈起这本书有什么不妥和特别，更没有体会到我其实也想跟他探讨一下性与爱这个话题，吉姆只不过笑笑：“啊哈，这本书我读过，我还读过劳伦斯的另一部作品《儿子与情人》，还行！”

那时，我可真气愤德语这煞有介事的词“啊哈（Aha）！”，啊哈什么呀，怪让我扫兴的，在德国碰到自诩为也爱读书的人却彼此不来电。尽管我和吉姆读过的书不同，但是吉姆读书的选择还是打开了我的眼界。走进德国书店的时候，我开始留意最新图书排行榜。

吉姆最先学会的几句中文之一是：“你爱花吗？”当两个人漫无目的地在小巷子里穿来穿去的时候，当我们在看电影散场之后，我经常听到吉姆四声不准地问：“你爱花吗？”然后我的眼前总能神奇地出现一束花，让我开心。

吉姆最开始是从花店里买一束现成的花送给我，渐渐地，我发现吉姆送我的花越来越别致。吉姆得意地告诉我，自己很快就不满足花店现成的花束了，每次一定要自己挑选搭配。

我夸吉姆：“自从你为我买花，审美眼光不知提高了多少倍。你看你穿衣服也越来越会搭配了，多帅啊。”吉姆略微尴尬又高兴地嘟囔：“什么，你说什么呀。我真的好看吗？嘻嘻，我不穿衣服也是好看的。”我气得捶吉姆的胸，可是被打的吉姆送我鲜花送得更勤了。

和吉姆在一起时，我们会聊读过的书，周末会骑车郊游，晚上听音乐会，音乐会之后还有他送我的花。但是吉姆最让我动心的瞬间都与钢琴有关。

吉姆第一次去看我，就坐到我房东客厅的钢琴上弹了起来。舞蹈已融入我的血液，我听到美妙的音乐就不由自主地跳起舞来，房东先生是唯一的观众。那是在德国的一个普通家庭的客厅里，在一个普通的下午，阳光照进窗户，斜斜地映在木地板上，一架旧钢琴，一位德国年轻人弹着，一位中国女子跳着，一位老年德国男子倚着门欣赏着，每个人的脸上都很惬意，很满足地沉浸在音乐和舞蹈中，这个画面永远刻在我的脑海里。

吉姆弹钢琴，音乐在他的血液里，是生命而不是张显，他自娱自乐，想弹就弹，不想弹时你想让他表演一曲，连门也没有。有一天晚上在酒吧里，吉姆又径直走到乐池里跪在地上弹琴去了，那一刻，望着柔和的灯光下他飞速跳动的长长十指，我死心塌地想嫁给他。

有一天晚上在酒吧里，吉姆又径直走到乐池里跪在地上弹琴去了，那一刻，望着柔和的灯光下他飞速跳动的长长十指，我死心塌地想嫁给他。

第五章

那场跨国恋

在德国的华人圈子里传言，我用神奇的东方床上魔法一夜之间就搞定了德国的白马王子。事实上，我和吉姆意乱情迷的第一晚就差点闹崩。

后来我和吉姆环保同居、又举行了绿色婚礼。

曾经以为我们的婚姻会永恒，我会和吉姆生具有天生优势的孩子……

我与吉姆

我是幸运的，我错过了会弹钢琴的马蒂亚斯，决然离开了会弹钢琴但是已经有女朋友的斯特凡，但是我又遇到了会弹钢琴的吉姆，到底是什么让吉姆这么爱我呢？这个问题我从来没有问过他。

在德国华人的圈子里，一则消息不胫而走：一个中国女生一夜之间就搞定了一个德国男人。这个消息被乐此不疲地传着，一传十，十传百，有声有色：她搞定的不是一个老男人，也不是一个丑男人，而是一个高高个子、中国女孩心中白马王子一样的德国男人，这个德国男人的家庭更是有钱，就住在德国最有名、最富裕的汉堡的布兰科尼热区的易北河畔。她是用了一种什么样的东方床上魔法啊，这种魔法只有她才有，一般别的中国女孩没有，因为她在中国就是一位最有名的美学大师的学生，她具有研究精神，不仅仅能在德国大学攻读博士，而且能在床上攻读博士。德国男人一夜之间就离不开她了，除了娶她、爱她，别无选择。这个传言，越传越玄，最后好像全世界都知道了，唯有我和吉姆不知道。而这个女生就是我。

实际上我和吉姆恋爱后，第一次做爱时，关系就差点闹崩了。当我情意迷蒙的时候，吉姆若无其事、动作娴熟地从他的钱夹里取避孕套，我惊讶地睁大了眼睛："你和几个女人睡过觉？"

吉姆边取避孕套边笑嘻嘻道："20 个吧。"

"你给我滚出去。"

吉姆意识到了一点问题，依旧笑嘻嘻道："那就 15 个。"

"睡床下吧。"

吉姆依旧笑嘻嘻道："那就 10 个。"

我很气愤，使出全身解数惩罚了吉姆一夜，或许我潜意识里想在一夜间就赢过他以前的 20 个女人。第二天早上，吉姆睁开眼："这很健康啊，很健康。嚯，看来中国很神秘，中国女孩有魔术。"我心里却在叹气：我在中国只谈过一个男朋友，性经验几乎为零。不像你，睡过觉的女人可能有几打。到德国后，我在大学中文系图书馆里发现了国内从没有看过的中国美术画册，性爱主题的，我好奇又渴望，悄悄坐在角落里翻看，实践中我也许会不由自主地中西结合。做爱虽然不是一场隆重的音乐会，但是爱床也像一个小小的舞台，既然躺在上面了，拉开了序曲，快板、慢板、间奏、高潮、尾声总会随心而行，随身而至。但是做爱绝不是做化学实验，想变颜色走进实验室拿起空瓶子就开始点滴。初次做爱，我们的序曲都拉开了，他还能放下弓弦，从容不迫地去找钱包，拿避孕套，当然让我无法理解。

为了教育我这个中国女孩，吉姆带我和他的好朋友沃尔夫冈一起喝酒，吉姆让我问沃尔夫冈和多少女孩睡过觉，沃尔夫冈哈哈大笑："30 多个吧，从 17 岁到现在十几年了啊。"吉姆可怜兮兮又狡黠地眨着眼："这个世界不公平，有人撑死有人饥，沃尔夫冈总是吃得饱饱的，我呢，有时饿得慌。"我问吉姆是否让别的女人怀孕过，吉姆轻松地回答："没有，我都戴着避孕套啊。16 岁母亲就教我用避孕套了，可我老实，19 岁才把它派上用场，比沃尔夫冈迟了两年啊。"

吉姆和沃尔夫冈喝着啤酒哈哈大笑，我恨不得拿起桌上的啤酒瓶将这两个德国男人的脑袋敲开花。

被吉姆的父母首肯

吉姆向他父母宣布他有女朋友了，是个中国女孩，他的父母都很好奇，尤其是吉姆的妈妈，希望他带女朋友回家看看。我心里对走进一个德国家庭有种说不清的压力，就找各种借口不去拜访吉姆的父母。一个周五，吉姆和我通电话，我们本是例行商量两个人怎么过周末，但是吉姆在电话里就直接通报："我的父母明天，就是周六，到法兰克福，其主要内容，就是来看我的中国女朋友。"

电话那头的吉姆好像有点紧张了。

周六上午，吉姆的父母到了，正在上大学的弟弟也跟来了，德国的年轻人周末都有自己的安排，很少跟父母行动，看来弟弟对哥哥的中国女朋友也很好奇。

吉姆的父母在我眼里是电影演员般的人物，身材修长，举止优雅。因为吉姆家的姓的意思是"好房子"，我整天都恭恭敬敬地称呼吉姆的爸爸"好房子"先生。他言谈机智，让我完全忘记问他的"好房子"值多少钱，而是感觉他的"好房子"里蕴藏着无穷的智慧。

吉姆早就说过他小时候很崇拜父亲，所以大学学的专业就是父亲的专业，而父亲在这个专业上是全德国乃至全世界著名的教授。母亲呢，性格开朗，虽生过 4 个孩子，但还是少女身材。

那一天，吉姆和我陪着他的父母和弟弟参观法兰克福的当代艺术博物馆，它是 1981 年才落成的，第一任馆长是赫赫有名的瑞士艺术史学家、策展人让 - 克里斯多夫·阿曼（Jean-Christophe Ammann），阿曼曾经是哈德罗·泽曼（Harald Szeemann），美术界公认的全世界第一位"策展人"的助手。阿曼 29 岁就出任瑞士卢塞恩市立美术馆馆长。当时的法兰克福当代艺术美术馆从建筑、收藏品到馆长都名噪一时。

当经过世界当代最重要的德国艺术家约瑟夫·博伊斯（Joseph Beuys）的作品时，我停下来讲解："德国每 5 年一届的卡塞尔文献展与圣保罗当代艺术展、威尼斯双年展并称世界三大当代艺术展。博伊斯 1964 年在第三届卡塞尔文献展上开始亮相，他第三、第四届的参展作品都还是'老实不动'的装置作品。到第五届文献展时，博伊斯开始大闹天宫，他坐在他的行为作品'组织公民投票直接民主信息办公室'里，一百天无休止地亲自和观众对话争论。第六届卡塞尔文献展上，博伊斯的作品《工地现场的蜂蜜水泵》最引人注目。博伊斯在博物馆里挖了一个几米深的坑，里面装了两台水泵。发动机把蜂蜜沿着水管压到屋顶，整个展厅到处喷满了甜滋滋的蜜糖。人们只能在心里琢磨'难道这也是艺术'。第七届卡塞尔文献展上，博伊斯此次已不在博物馆展览，嫌室内空间不够大，闹得不过瘾，就搬到广场上并在全卡塞尔市行动。他要送给卡塞尔城 7000 棵橡树，他先搬来 7000 块石头堆在广场一角。他的艺术行为招来一些反对者，他们把一些石头涂成粉红色，还把部分石头扔进河里。开幕后，博伊斯开始亲自栽植第一棵橡树，并在每棵树前立起一块石头。他的这个大型环保艺术作品吸引了大量艺术家和普通人参与。1986 年，博伊斯去世了，他的儿子在 1987 年第八届卡塞尔文献展上挨着父亲栽下的第一棵树，种下了最后一棵橡树，历时 5 年，7000 棵树苗的整个'社会雕塑'终于完成了。1987 年第八届卡塞尔文献展博伊斯还有一幅作品参展，后来被法兰克福当代艺术博物馆收藏，这幅作品远在天边，近在眼前。而'大闹天宫'的人在中国就是孙悟空，孙大圣带领着那些好玩的猴子在花果山上撒野啊。”

吉姆的一家都被我的讲解逗笑了。吉姆的爸爸眼睛发亮地夸奖：“梅，我们听你这位中国姑娘讲解德国艺术特别有意思。”

第二天吉姆告诉我：“我爸爸妈妈夸你聪明，你知道吗，聪明智慧是他们推崇的找儿媳的第一品质，他们很喜欢你，尤其是我妈妈。”我纳闷：为什么吉姆妈妈更喜欢我？我和他爸爸谈话更多啊。是不是因为我把中国的一句成语笑话“不堪回首”讲给他妈妈听了？我在中国的一位熟人是个舞蹈演员，六十多岁了，衣着时尚，从后面看身材还是妙龄少女的样子，公交车上油头滑脑的年轻人不断对她轻浮无理，最后她转身摘下墨镜：你看清楚了，叫我奶奶吧。舞蹈演员很瘦，老了满脸皱纹，已经“不堪回首”，年轻人看了可能吓一跳。因为吉姆的妈妈还不老，我就只对吉姆妈妈讲了这个笑话的前半部分，而略去了这个笑话的后半部分，我夸她就像中国的那位著名舞蹈演员，身材永远是十几岁的妙龄少女。

从那以后，吉姆和我的恋爱关系又深了一层。

吉姆的父母都先来看过我了，我再不去吉姆家就失礼了，再说我心里其实也向往吉姆的家庭，因为早就知道吉姆的一家都弹琴唱歌。不过第一次去吉姆家，我带去的礼物不是歌声，而是用中国的美食出彩的。那时从国内来的一位宋总，在法兰克福市远郊开了一家中国餐馆，他经常有很多语言上的问题求我帮忙，我从来不收取报酬，现在为了给吉姆的一家带一份特色礼物，我问宋总能否送我一只北京烤鸭，宋总哈哈大笑：“你帮我这么多忙，别说1只，10只也行啊。这样吧，我们的烤鸡也做得很香，烤鸡、烤鸭，你要的那天自己来拿吧。”去吉姆家的当天，我和女朋友欣去宋总的餐馆取了新出炉的烤鸭和烤鸡。晚上，吉姆全家吃着中国烤鸡、烤鸭，吃得很香，不断地夸我送的礼物好。

去过吉姆家后，吉姆告诉我，他父母对我的评分越来越高。哈哈，我从小到大都很擅长考试。从此，吉姆对我更好了。我倒是没有想到吉姆交女朋友这么看重他父母的认可。后来吉姆和我要结婚了，吉姆才对我说："你知道吗？聪明、智慧、知礼是我父母最看重的。也许他们就是这样挑选儿媳妇的，以前尽管我的父母从来没有对我带回家的女朋友表示反对，但是他们也从来没有对她们特别好，他们喜欢你要甚过喜欢我了。"吉姆说这话时有意无意中语调酸酸的。

简约环保的家

吉姆并没有马上向我求婚，但是他有办法先拴住我。

吉姆马上放弃了自己舒适的单身公寓，另找了房子，和我同居。

和吉姆同居，我平生第一次感觉和另一个人共同拥有了一个家，但是又感觉这个家是我一个人来布置的，因为吉姆除了买了一架他的钢琴，把买钢琴的账单寄给他妈妈，他就什么都不管了。然后还给我提出一个要求：梅，家你怎么布置都行，只要环保。

我平生第一次开始布置一个自己的家。在国内我研究生毕业后雄心勃勃，工作一年居然挣了一万多块钱，是普通人工资的10倍，我自己挣钱了准备痛痛快快地开始消费。但是我更向往德国，我把挣到的钱买了张机票飞到德国，其余的全部换成美金带到了德国。到了德国，我花自己的钱，哪怕是打工的钱，我也很自在，但花吉姆的钱，我总是不自在。我想花很少的钱布置一个家，而且还要达到吉姆的要求：环保。

怎么办？

我制定了一个大方针：一切从简、家具一切用原木、电器一切用节能省电的。

家里我用的书桌是吉姆上大学时用的，一块约一米宽、两米长直棱直角的大木板架在两个木制三脚架上，就这样简单。我觉得这个书桌虽然简单，但是不难看，为了家里风格统一，又为了省钱，我问吉姆："告诉我哪里能订原木板和三脚架，我就照这个风格订一张饭桌吧。"

吉姆说："去包豪斯，那儿肯定有。"

我纳闷："包豪斯"不是德国著名的美术流派和美术学院吗？怎么成了商店了？不过我还是打听到法兰克福当时唯一的一家"包豪斯"店。

"包豪斯"店不像其他商店在市中心，而是有点偏远，我坐着公共汽车找去了。对那个"包豪斯"店，我印象最深的就是木板切割机，那里有无数的工具，剪花的、钻墙的、修理汽车的，反正我在出国前没有见过。我在机器嘈杂声中依照厨房半面墙的准确宽度（我和吉姆计划放饭桌的地方），订购了一块80厘米宽、1.4米长和吉姆的书桌风格协调的木板和两个三脚架。一周后我坐公共汽车分两次，一次搬木板，一次搬两个三脚架，独自将"包豪斯"饭桌搬回了家。

这样，一块木板架在两个三脚架上的"包豪斯"饭桌就可以用了。我每天都为吉姆烧晚饭，每天晚上和吉姆在"包豪斯"饭桌上温馨地用晚餐。我晚上七点开饭，吉姆一般六点半到家，如果超过七点，晚到家五分钟以上吉姆都会受到我的抱怨，吃饭时被我用勺子敲头："我每天做菜的用心不比你上班的用心差，你应该准时回家品尝啊。"吉姆总是说："对，对，你做的菜每天都好吃。"

直到有一天，橙子青椒炖肉，把两公斤橙子连皮炖在肉里，我想象那黄黄绿绿的颜色和酸酸的味道应该对德国人的胃口，结果吉姆"哇"的一声往外吐，连叫吃不下。看着他那狼狈的模样，我差点笑破了肚皮，也大叫："怎么啦，怎么啦，小时候妈妈给我做过橙子皮蒸肉防治感冒，记忆中很好吃啊。今天我看你有点感冒，特意为你做的啊。"

"包豪斯"饭桌用得不错，后来我又跑了几次"包豪斯"店，按照家里量好的尺寸订购了一个书架，通过为家里添置这些"包豪斯"家具，我理解了德国"包豪斯"店的理念。

德国的“包豪斯”店就是德国“包豪斯”实用美术精神的日用延伸，在德国，每个地方都有“包豪斯”店，它有点像中国现在的建材商店，但是其精神仍有很大的不同。中国现在的建材商店，大部分是装修时为了节省钱或者保证质量，自己去选购，然后交给别人施工。但是德国“包豪斯”店的最大特色，我认为是工具，德国人拥有世界上最多最好的工具，生活需要的每一个细部都有工具。甚至德国人衡量好丈夫的最大标准就是看他是否能做手工活，德国每家的地下室都堆满了工具，有的甚至干脆在花园里自建了一个工具小屋，专门堆放工具。

有了质量好的、全面的工具，勤奋的德国人会在自己家里搭高架床，我认识不少尤其是住在三米多高老房子的德国家庭，为了利用空间，孩子的房间将床架到高处，留出下面的空间作为游戏或者电脑空间，还有的家庭将最大的卧室留给孩子，夫妻住小的房间，不够大，也将床架到高处。用质量好的工具、好的材料干活，不仅别具特色还有成就感，有一次我去一个德国朋友家，问他们那年的假期准备做什么，丈夫马上把我带到客厅的一角，指着那里已经堆满的瓷砖、泥灰和工具，对我说：“今年我们哪里也不去，你看，我们的客厅只有一个供客人用的小卫生间，我将把这个扩大，加一个淋浴房。现在我每天下班回来只能干一点点，下个月开始我将连休五个星期的假，全面完成它。”那时我到德国没多久，对这个德国丈夫从贴瓷砖、铺地板到建淋浴房都自己干感到惊讶，后来我就习以为常了。在德国，我认识不少这种手工能力很强的男人，但吉姆是个例外，吉姆除了修他的自行车，并不爱“修理”家，他的户外爱好太多了，长跑、登山、滑雪、冲浪、潜水……

吉姆对我勤俭、创意持家的本事赞不绝口，我给他讲了自己理解的“包豪斯”理念，没想到当吉姆和他妈妈通电话时，他一大半时间都在吹：“梅在‘包豪斯’店订做了一张饭桌才花了150马克。（两年后，1995年，当我们搬家到柏林时，我为家里添置的饭桌是精致的纯实木桌面，特价，但价格也高达999马克。如今，十多年过去了，桌面依然光洁如新。而当年的‘包豪斯’饭桌，则被挪到地下储藏间）梅在‘包豪斯’店订做的书架才200马克，买新的至少要五六百。梅为家里添置了电炉、电冰箱、洗衣机，虽然全是二手货，但是节能省电，总共才花了500马克，这三件每一件买新的都要超过1000马克。总之，梅花钱很少，家收拾得很不错，梅认为家的风格很重要，我和梅的家是统一的‘包豪斯’风格。”

大约因为吉姆一口一个梅和包豪斯，这引起了他妈妈的好奇心，不久，他的父母果真就要求来看吉姆和我法兰克福的“包豪斯新家”了，而且既然有了“包豪斯”饭桌，吉姆把牛都吹出去了，当然应该让客人在“包豪斯”饭桌上好好享用享用啦。

我全力以赴，下午请吉姆的父母在原汁原味的“包豪斯”饭桌上品尝我做的“苹果派蛋糕”，“苹果派蛋糕”是个好听的名字，实际上在德国是一种最家常最普通的蛋糕，当时我在德国第一次有了家，刚刚开始学做蛋糕，也就只能做“苹果派蛋糕”，将面粉、水、黄油、鸡蛋、糖严格按比例配好，用搅拌机搅好，放进烤箱烤20分钟，出来的就是半成品——蛋糕的底座，然后将事先切好的苹果片放到底座上，一半嵌入其中，再放入烤箱烤15分钟，简单新鲜的“苹果派蛋糕”就做好了。吉姆的父母一边品尝我做的蛋糕，一边夸我做蛋糕自学得快，同时还夸我把家收拾得比吉姆说的还好。“包豪斯”饭桌的确又简单又便宜，桌面加工也不错。

晚饭时，我在“包豪斯”饭桌上铺上了同学阿明从波斯带给我的桌布，图案细致质朴，不像一般的波斯地毯那样华丽，“包豪斯”饭桌风格迥然一变，简约，讲究，用心，然后我配上了一个简单的烛台。我按照德国的饮食习惯，先上了一道酸辣汤，让宾客打开胃口，期待我的主菜，而且我的主菜不像吉姆妈妈一样通常是从烤箱拿出来的或者事先煮好的，我的主菜名叫“三丁爆炒三肉”，即：我事先将红椒、黄椒、青椒都切成了丁，将猪肉、牛肉、鸡肉也切成丁，调好了葱姜蒜外加微微辣的汁。喝完汤后，我起身现场爆炒，最后淋上汁，因为德国人吃菜喜欢汤汁，真正爆炒干炒的中国菜他们还是吃不习惯的。我只做了一个主菜，但是分量很足，用了猪肉、牛肉、鸡肉各大半斤，两大盘端上桌，中间放白米饭，红椒、黄椒、青椒丁色彩鲜艳，吉姆的父母吃得很带劲。主餐后的甜点我准备的是冰激凌加汤圆，每人粉红草莓、绿开心果、黄奶油 3 个冰激凌球外加 2 个滚烫的白色汤圆。到了德国，我在厨房里是中西结合，一通乱来，通常获得意外的效果。告别时，吉姆的妈妈对吉姆说："吉姆，你从离开家上大学后就从来没有收拾过你的住处，从来就没有过这么好的生活，这都是梅的功劳，你要好好对待梅啊。"吉姆的眼里闪着幸福和骄傲的亮光，说起话来更放肆："妈妈，你和爸爸来了，梅很尽心，你看，我们的厨房要是像你的一样装备齐全，加上梅的手艺，下次你们来就能更好地招待你们了。"他妈妈大笑道："好，好，你应该和梅一起再去'包豪斯'或别的商店采购，厨房里缺的东西全买上，账单全寄给我。"

我感觉得到，自从吉姆和我谈恋爱，吉姆的母亲对吉姆更好了，总是有求必应，非常大方。我是受中国教育长大的，我在中国拿到第一份工资后就孝敬了父母，给他们买了一台彩色电视机。我并不适应德国年轻人从父母那儿盘剥，但是我也羡慕吉姆的父母很殷实富有，而我的父母是中国普通的工薪阶层。我有时对某些小事也很上心，多年以后，我总是记得为吉姆的父母做的饭，用的食材都不够好，比如肉，我没有舍得买上等的里脊肉，大虾我也没有舍得买，那时我不知道连吃的食材也有绿色食品店了。我心里很想为吉姆的父母做更精致美妙的饭。

吉姆的环保生活包括他坚决不买汽车。但吉姆酷爱骑自行车，所以他为自行车花钱不少。1992 年，他开始工作后，拿到工资的第一件事是为自己买了一辆 13 个挡的自行车，当时价值一千三百多马克，合人民币五千多元。

有了我这个女朋友后，吉姆做的第一件事是送给我一辆自行车，远没有他的贵，但是比我原来的好得多，目的是让我跟着他骑车。周末吉姆和我大多骑车出游，城市周边的森林，城市周边的小城是我们的目标，远一点的地方，就先坐火车，将自行车搭在火车上，到达目的地后，人和自行车一块下车，然后继续骑车前行。

法兰克福至海德堡中间的每一个小站吉姆和我几乎都乘火车去过，然后骑车跑遍每一个小镇，和小镇旁边的森林和山丘（只能算山丘，因为那一带没有高山）。我们最长最远的自行车旅行是沿着德国浪漫之路，一周的时间，每天骑车 6 小时，每小时 20 多公里的速度，下坡时危险，上坡时很难蹬，晚上住宿在沿途的家庭旅馆。一天傍晚下大雨，穿着雨衣也被淋得湿透了，我边骑边哭，从嘴角渗进嘴里的不知是雨水还是泪水，又咸又涩。吉姆时而在前边带路，时而推着我。后来，我们终于找到一个小村庄住下了。淋浴后，我坐在主人烧的一盆火旁边烤淋湿的衣服，暖和后，我开始抱怨这种无聊的旅行，天天骑车，车座磨得我的屁股很痛，吉姆揶揄我："德国女孩骑车不会喊痛，你真没用。"

背着旅行包，将自行车搭在火车屁股上或者支在车厢里，吉姆喜欢的自行车旅游将我的屁股磨出了茧子。

对于吉姆来说，跑 42 公里马拉松、骑车、滑雪、冲浪、潜水、读书、音乐是生命而不是张显。吉姆就是这样骑车穿过无数美丽陌生的地方，自得其乐，更多的是骑车穿过原野、穿过高山，包里装着几本书、几块饼干巧克力、一大瓶水。

绿色婚礼

自从认识了吉姆的一家，我心里很喜欢他们，但是自尊却在抵触。恋爱后的第一个圣诞节，我不去吉姆家陪他父母过圣诞，却怂恿他和自己一起回中国，吉姆和我一样不懂事，乐得和我一起摆脱父母飞往中国。

临行前，吉姆的妈妈邮寄来一架白色的小飞机，附着一张精致的小卡片："亲爱的梅，吉姆每年都是在家过圣诞节，今年你把他带走了，我很高兴，这是我的心意。"我开心地看着飞机，然后却惊呆了：飞机下面用丝线系着我的机票钱。回头看吉姆，他的眼睛也睁大了，眉毛往上一挑一挑的。后来他告诉我，长这么大，妈妈还从来没有一次送过他这么多的现金。

12月24日，圣诞夜，我和吉姆踏上了飞往中国的飞机，在飞机上，我胸前挂着未来婆婆送我的白色小飞机，心里惭愧了，我觉得自己太任性、太不懂事了。吉姆的姐姐妹妹都成家有孩子了，圣诞夜不再和父母一起过了，吉姆的弟弟刚上大学，比吉姆小得多，吉姆是家中长子，我却把他带走了，把父母和弟弟留在家里，就像中国大年三十，让父母孤孤单单地过年。而未来的婆婆不仅没有反对，还送来厚礼。

后来的节日、生日，我总能收到吉姆妈妈邮来的精美的贺卡和礼物，我越来越爱未来的婆婆了，甚至爱她胜过自己的母亲了，因为我的母亲最多只是在我小时候过生日时给我做过鸡蛋面，在过春节的时候给我缝制过新衣服，但是后来我去北京上大学了，我就连这些礼物也没有从自己母亲那里获得过了，在北京时父亲还给我写信，但是自从我来德国留学，父母连信也不写了，总让我打电话，我在电话里伤心又气愤地说：我从中国一点钱都得不到、一个字都得不到，每次还都必须是我打电话，否则我连你们一句话都听不到，在异国他乡缺爱的我觉得吉姆的妈妈就像我自己的妈妈一样了。

当我和吉姆从中国回到德国时，吉姆的妈妈拿起我的手半开玩笑半认真地说："怎么吉姆见了你的父母，他还没有向你求婚啊？我以为吉姆在中国就会给你带上订婚戒指了。"吉姆的妈妈认为儿子圣诞节都跟着女朋友跑，一定是去拜见未来的丈母娘了，但是她儿子全不是那么回事，吉姆尴尬地嗔怪："妈妈你管多了，梅还在做博士，没有工作和收入，我拿不准是否养得了家。"吉姆像相当一部分德国男人一样，不愿意成家，不愿意承担责任。

吉姆的妈妈爽快地笑着，一半对吉姆一半对着我："吉姆你自己看准了，像梅这样棒的女孩你再也找不着了，你不早点娶她，她准跑了，经济嘛，有妈妈支持。"我听了未来婆婆的话有一种被点破的感觉，我从来没有表露，但是我的心底是不自觉地拿定了主意，如果吉姆对我不真心，我会不声不响地离开他。

吉姆呢？同居之后，不仅房租都是吉姆出，连家里餐桌上、钢琴上摆设的花吉姆都不让我去买，因为吉姆配花配上瘾了，他不肯把挑花的机会让给我了。后来吉姆挑花配花的水平都让我隐隐约约嫉妒了，我甚至想，因为有了我，吉姆变得越来越有情调，越来越迷人了，除了甜蜜，我甚至还有一丝恐惧，因为在德国，吉姆太有优势了。作为男人，吉姆出生在富裕知性的老家族，他有学位又有好的工作，如今他又越来越知道怎样取悦女人了，而我呢？应该也很优秀，毕业于中国最著名的大学，如果在中国我已经是大学老师。可是我到了德国，攻读的是被称为失业专业的艺术教育，即使拿到博士学位，也没有工作前途，我的中国父母也不富有。

好在吉姆并没有让我的这一丝恐惧持续多久，一天傍晚，吉姆下班不仅带回一束极其别致的花，还从衣服口袋里掏出了两个订婚戒指，上面刻着：Jim&Mei，1993 年 11 月 29 日。他戏剧性地单腿跪到地上，用老鸭子嗓子哼鸣：咪咪咪多……（贝多芬的《命运交响曲》，意思是一个命运的惊喜。）

我诧异吉姆为何突然想订婚了，他笑着直直地回答："怕你跑掉，订婚是哄着你，但并不确定何时娶你啊……"我傻了，记不清吉姆诸如此类的蠢话第一次是从何时开始说的，我不可预估吉姆这样的蠢话何时还会冒出来，但是每次我都觉得不可思议，欲哭无泪。凭什么吉姆想订婚就订婚，我虽然知道吉姆爱我，在德国能嫁给他，我觉得很满足，我得到了一位我梦想中的老公，进入了一个富有的老家族。我实在喜欢吉姆的家，他的父亲、母亲、姐姐、弟弟，个个都能弹琴唱歌，个个都温文尔雅，但是我太自尊自傲，我绝不会开口去求吉姆娶自己的，我一定不自觉地把我的自尊表现出来了，我没有直接说，但是我一定表现出来了：如果吉姆对我不真心，不主动娶我，我是会离开的。

后来我才知道，吉姆有过不少女朋友，也有过不同国家的女朋友，吉姆带回家给父母看过的女朋友也不止一个，我算不上其中最漂亮的，但是我在知识、聪明、知礼方面把全家都镇住了，吉姆的母亲就像天下所有父母一样爱儿子，她看到儿子能娶到一个好媳妇了，她对我甚至比吉姆对我还好。有一次她半开玩笑半认真就说破了，说吉姆你不赶快娶梅，梅会跑掉。把我的潜意识都说破了，说得我真羞愧，羞愧得我在心里更下定决心要报答这个通情达理爱儿子的未来婆婆了。吉姆当时居然嘴硬，他当着我的面回答他妈妈：妈妈您别干涉我的事，我参加工作不久还养不了家。吉姆说这话的时候根本没有顾及我在场的感受。好在他妈妈轻松地说：经济你不用担心，妈妈会支持你们。

所以吉姆就买花买戒指和我订婚了，快得连我也没有想到。但是订婚居然也说是先来哄着我，吉姆凭什么就这么神气啊。我想着伤心，把刚戴上手指的订婚戒指直往下扒，吉姆慌了：“明年就结婚啊，明年就结。”

吉姆没有食言，订婚半年之后就准备和我结婚，比我想得都快。

结婚的准备过程中我体验最深的就是操办“婚礼礼品桌”。德国的风俗，结婚时新人们自己选好所有想要的礼物，商店里会提供这样的专门服务，将新人所有想要的礼物放在一张布置精美的桌子上，当地的客人可以自己来看，根据价格和爱好，选好自己想要送的礼物，付款就行。在其他城市的客人，会得到商店传真的礼品清单，上面详细标明了礼品的名称和价格。

当时，我也犹豫了一下，但是很快还是接受了这个实用的习俗，我和吉姆通知所有客人，在哪家店我们订下了“婚礼礼品桌”，客人可以选其中的部件送给我们，也可以自由送。我和吉姆未来的家订的是一套12人用的托马斯（Thomas）的餐具，包括12只前餐用汤盘、大平碟12只正餐用大平盘，再配上大沙拉盆、菜汁碗等，以及托马斯同系列的全套咖啡具，还有12人用全套刀、叉和勺子等。后来十多年过去了，客人送的别的礼物都一下想不起来了，无名的全套刀、叉和勺子已经陈旧了，绝对不能再供客人使用，只有那套名牌的托马斯的餐具，十多年，在洗碗机里滚过数千次，仍然光洁如新。我没有想到要买新的，有时逛大商店，我会停留在托马斯的专柜前欣赏十几年前我买的那个托马斯系列餐具的微小更新，不明眼的客人察觉不到，十几年中不小心被摔坏的几个盘子，我用新系列中的盘子替换了。有一次，我有个叫托马斯的朋友结婚，新人选定的结婚礼品桌子上就摆着一套昂贵的纯银餐具，一般的客人，每人只要能送其中一把小勺就价格不菲了。再后来，在柏林，当我的声乐老师晶宇嫁给贝恩德时，结婚礼品桌子搬家到了网上，所有的客人，就只需在商店网站的特定页面上看礼品的照片，然后网上打钩付款就行。德国的“婚礼桌”也是形形色色、与时俱进。

吉姆和我没有在教堂而是在植物园中举行的婚礼。

吉姆的好朋友沃尔夫冈带来了自己的大提琴，我在法兰克福歌剧院乐团工作多年的朋友叶子带着他的小提琴，两位客人素不相识，预先没有约定，客人都到齐了，一中一德两个客人合在一起在咖啡的芳香中奏响了婚礼进行曲。在婚礼进行曲中，一对新人带领所有的客人走向植物园的湖边，划船、荡秋千……婚礼晚宴时，吉姆的父亲，我的公公，德国大学的名教授，世界五所大学的名誉教授，依照德国的风俗敲响了酒杯，质量不错的酒杯发出的声音分贝很高，清脆悠扬，让喧闹的宾客安静下来，我的公公开始致辞："请大家和我一起举杯，为我们"好房子"家族第一次娶进了一位中国媳妇，我建议大家首先向没有前来的梅的父母敬一杯，感谢他们生养了梅这样一位聪明有教养的女儿……"所有的祝福和笑声都被植物园中的大树映衬成绿色，无边的憧憬，无边的希望。

这个婚礼被我称之为绿色婚礼，更重要的是，吉姆是环保主义者，他不开车，婚礼举办完毕，客人们包括他的父母、姐姐妹妹弟弟全部开车离开，而他的新娘则像在中国一样由他骑着单车从植物园载回家。

我是多么欣喜吉姆弹钢琴啊，不仅吉姆弹，吉姆的父亲弹，吉姆的姐姐、弟弟、妹妹都弹，我愿意做吉姆的妻子，更愿意成为这个知识之家、艺术之家的一员。

吉姆爱我，吉姆的全家爱我，他们给了我这个独在异乡的女孩一个家，一个大家庭。我感激吉姆和吉姆的一家给了我在异国他乡一个温暖的家，我准备用我的一生来使吉姆高个子的背永远挺拔，让我永远仰望。

那种感觉真好。

婚礼那天，我在我的日记本上记下："吉姆是多么地单纯无邪啊，就像他那张标志性的单纯的脸。但愿他在我的身边永远年轻幸福，我要做他的好妻子，做'好房子'家族的好媳妇。"

这段新婚之夜记在日记本上的誓言，几年后我独自翻阅过好多次，我深深诧异自己的笔迹，新婚之夜在曲终人尽之后没有记录下自己的幸福，而只愿吉姆年轻和幸福。我也没有料到，这种忘我的至情原来人生也只有这一次。

我和吉姆的婚姻开始了。

若说二人能不能做夫妻，在我看来有一条在其中，看两个人能不能彼此蛮不讲理又和平相处。吉姆下班进屋来，推着他的自行车，向我嚷道："嘿，你的自行车还在楼下，快去把它搬上来，自行车在楼下过夜可能被偷掉。"我正专心于写作，头也不抬地回答："那就请你把它搬上来吧。"吉姆叫道："是你的自行车，为什么我去搬。"我立刻沉下脸："如果你认为我的自行车就与你无关，那你就不用去帮我搬，也不用提醒我，惹我不快。"接着我又笑脸求吉姆："去吧，做件让我高兴的事。"吉姆不干，打开冰箱拿出啤酒，开始他的例行节目，每晚一瓶，边喝边嘟囔："什么时候你做件让我高兴的事呢？"我笑道："你手中的啤酒可是我想着买的呢。"吉姆舒适地坐在沙发上继续嘟囔："我刚把我的自行车搬上来，还要替你去搬，你自私自利，光让我替你办事。"我气不打一处来，振振有词："你岂有此理，不为我搬车，还说我自私自利，平添我烦恼，现在你想为我搬车都没门了，我决定让我的车扔在外面，让我的车被偷掉，省得我要陪你骑车到处跑。"吉姆这时却站起来，几分钟后，他推着我的车进了门，我从书桌上抬起头，哈哈大笑。吉姆问我笑什么，我说要向所有的女人介绍经验，看一个男人能不能嫁，就要看她在他面前能不能有时蛮不讲理。吉姆，你不懂男女之理，我呢，有点蛮不讲理，我晚上会给你做好吃的啊。

我的车没有被偷。但是结婚后吉姆越来越迷恋我收拾的简朴而温馨的家，吉姆和我周末骑车远行少了。吉姆的另一个爱好是登山漫步，法兰克福周边有很多山，我们时常去，这些山中，详细地标示着符号，沿着绿色圆圈走，或者跟着红色三角走，还是追寻着橙色的四方形走，从哪儿到哪

还未出版即已引起轰动
全球高知人群争相传阅

中 - 英 - 德 文 简 介

Introduction in Chinese, English and German

Einführung in chinesisch, englisch, Deutsch

中文简介

目 录

内容简要

我的真正人生，
是从患晚期癌症后又成为单亲妈妈开始的……

36岁那年，在异国他乡的德国首都柏林，我的人生遭遇了三个重磅炸弹：直肠癌晚期，淋巴转移，肝脏上布满小肿瘤。

我被推上了晚期癌症的手术台。手术之后，我的命被医生保住了，但是我该怎么继续活下去，医生却不能告诉我。儿子的父亲回到国内开公司想挣大钱，竟然和我的亲妹妹好上了，我妹妹有家庭也有儿子。最后他离开了我。我不能再生孩子了。在德国，我身边没有任何其他亲人，只有一个一岁半的儿子。

我的命运之船似乎正驶向死亡之岛，乌云滚滚，黑浪滔天。

我能够战胜癌症吗？

我能够走出心灵的伤痛吗？

我怎样做单亲妈妈？我带着伤疤的身体还敢再爱吗？

我还能够有美好充实的人生吗？

这是一位16岁上北大，20几岁考上中国社会科学院研究生，32岁就取得德国博士学位，却在36岁那年经历人生重大挫折的知识女性，写给当下女性的自励书。

这本让我们深受感动、基于真实的“非同寻常之书”，彰显了一位独立女性的巨大力量，她用女性柔弱的双肩，担当起生活的重负，一步一步地艰难前行。它想传达给读者的是：就算命运之舟行进在未知、黑暗、波涛汹涌的大海上，我们也要寻找生命的光亮。

各国书评

李泽厚 著名学者

这是你最了不起的地方，一个小湘妹子，赤手空拳，跑到德国，异国他乡，一无所有，没有钱，又得了病，经历了婚变、癌症等，凭你的勇敢和执着，不仅保住了你这条小命，而且你至今保持了旺盛的热情、理想和天真。我很佩服。你打败过死亡，希望你出书，也是无往不胜。

朱莉特 法国女艺术家，色彩女神

黄梅不再隐藏，她向读者袒露真实的伤痛和她对生活的热爱。在她的书中，我们航行在不安的、未知的海面上，我们的双桨不断划在深处的黑暗与艺术的神奇发现之间。

葆拉 资深艺术家，意大利那不勒斯美术学院教授

黄梅女士的书让读者强烈地感受到一位独立女性的巨大力量。她的生活出现了两个巨大挑战：晚期癌症与母亲的责任。这本书特别让我感动的是作者寻求个人救赎的途径。实现自我以及自由选择的过程是非常艰难的，特别是对于女性而言。

我们是一致的，我们把艺术作为一种救赎的手段。艺术魔力的维度是建立在对世界的主观感受上的，这与美的概念具有相对客观

性相反，它是精神的，它深藏在人性中，可以通过艺术被唤醒，从而使我们获得救赎。

海蒂 德国手风琴总会副主席

这是一位心灵强大、与音乐相连、不屈服于命运的女性感人的自传。

她 16 岁上了著名的北京大学，23 岁获得硕士学位并得到大学教职，她的命运蓝图似乎很美！

但命运就像令人忐忑的过山车。矛盾的是仅仅成为妻子与母亲或投身于研究与艺术，她不可能做出最终的决定。

她刚开始职业生涯，她甚至还不知道路在何方、她是否还要继续的时候，命运的打击却来了：癌症晚期！面对这种打击，强者都可能会倒下。

一本引人入胜的书，一本启发人并让人感同身受的书，它讲述了一位非常坚强、智慧而知性的女性，她不屈服于癌症，尽管困难重重，情感纠结与疑虑，但是仍然坚持着她的追求。

一本能让人不寻常地深刻洞察黄梅女士心灵的书。她是一位我很佩服的女性，她的世界开放性、她丰富的想象力与创造力带给众多不同年龄的人令人震撼的难忘经历。我感到幸运，我们能在人生的十字路口相遇相识！

弗洛斯 希腊自由爵士之父，跨界艺术家

生活在另一个国家，患了癌症，离婚了，并抚养大一个孩子是不容易的！

艺术在具有其他作用的同时也具有疗伤的作用。

梅的写作给了她深度需要的第二人生，给予了她正能量，让她生命前行，并充满意义。

梅尔茨 柏林欧芬尼亚手风琴乐团指挥

作者的生命图画就像一条不断涌动且不断变化的河流，总是勇于接受新的变化或者做出新的决定。

梅，你的书深深打动了我。不知你有什么巨大的内在力量使你坚定地前行，并不断获得对自由的新的认知。就像黑塞说过的："法师会在每一个开端给予我们保护，给予我们帮助。"我很高兴认识了你并能够和你分享一部分生命的旅程。

迪特和玛格丽特夫妇 德国国家科学研究院的两位研究员，探戈舞者

一本让我们深受感动的书，它告诉我们，我们的身体和心灵都很脆弱。但它也告诉我们，如果抗争，我们也能很强大。本书的特殊价值在于其真实性。它要求读者潜心去读，以便认识其深度。这是一本非同寻常的书。

简碧青和穆勒夫妇 简碧青，台湾瑞士籍大提琴家，获总统颁发奥托皇帝勋章，Confluence Festival 音乐总监。法比安 · 穆勒，瑞士著名作曲家，获瑞士文化部提名“瑞士音乐家奖”

我们认识的梅，有一种特殊的人格，始终具有优雅光环的气场和对艺术极高的感悟。她用激情和闪闪发光的精神力量将其他人也带进艺术。在这本书中，你将会读到她引人入胜又感人的生活故事，这些故事同时也给人希望，告知人们，即使是最严重的命运打击也能被克服。

珍妮 · 米瑞菲教授 德国著名编剧、导演

黄梅的书是一段追求内在的漫长旅程：一个女人寻找自身力量、寻找自身生活意志的旅程。作者通过色彩丰富和诗意般的画面描述她一站一站的人生旅程，从一个受伤者到一位积极的、充满创造力的女性。这本书帮助我们认识到，我们生命的力量就存在于自身，艺术可以是复杂的人生存在问题的一种答案。黄梅的力量和求生意志是女性真正解放的一个范例。

谢尔盖 · 道茨 俄罗斯艺术家，俄罗斯艺术科学院院士

黄梅，她是痛苦中生出的美丽，她是超越了痛苦的美丽。

徐信忠 北京大学光华管理学院教授，北京大学深圳研究生院副院长

芳华年纪我们在北京大学四年同窗，黄梅总是热情奔放，喜欢折腾。大学毕业，她选择了美学，我选择了经济学；今天她成了国际艺术使者，我成了教育工作者。不同的领域，但我们都在追求美——人类心灵的美。黄梅的经历再次告诉我们，生命之所以美丽，不是因为结果，而是因为生命的过程：对美的坚守，对爱的坚守。

易英 中央美术学院教授，当代艺术著名评论家

“春蚕到死丝方尽，蜡炬成灰泪始干”，这是至死不渝的追求，刻骨铭心的爱。对事业的不懈追求，对爱人无尽的爱恋，对孩子深沉的情怀，都是黄梅女士以生命为代价来实现的。在命运的迎头痛击下，她伤痕累累，却没有丝毫的退缩，用女性柔弱的双肩，担当起命运的重负，一步一步地艰难前行，最终实现爱的目标与理想。我们为她深深地感动，一个平凡的女性显示出力量的感召、母爱的光辉和诗人的意志。

何韵兰 资深前辈艺术家，艺术教育家，北京女美术家联合会创会会长

“向死而爱”！像壮丽的誓言引导我们走进黄梅的传奇经历：她的情和爱，勇气和自尊，奋斗和思考都已很不寻常，而只有当她面临生死考验而浴火重生之后，才有今天让生命重放异彩的、可爱可敬的黄梅。

其实生命是十分脆弱的，很多人还认为命运是身不由己的。黄梅的经历却告诉我们：不能选择生和死，但能决定怎么爱，怎么活，选择什么生活方式！黄梅面对死亡做出最了不起的选择：让她的生命变得更加美丽！黄梅是浸润了东方传统血脉的独立女性，她又能张开双臂拥抱人类文化精华。她深爱亲人，深爱自然，也深爱艺术…… 爱，才是使心灵强大、战胜死亡的力量。这就是我们今天看到的充满生命激情的黄梅。她的故事也是生命的启示录。

English Introduction

Content

Middle: The Past

End: Life before Death

Chapter 9: A Mother Suffering from Cancer Writes to Her Son

Chapter 10: Looking back from the Middle of Life

Summary

My true life began when I became a single mother after falling ill with late-stage cancer. When I realised this, many years had passed already, and I began to write this book at once.

In winter, the bright leaves of the kaki tree fall to the ground, leaving only the ripe kaki fruit hanging on its branches in their peculiar beauty.

At the end of the year 2000, thirty-three-year-old me was like a kaki fruit in winter; from the leafless tree I dropped down to the ground and splashed into a pulp.

I was pushed onto the operating table for cancer... After the operation I wasn't able to have children any more.

My son's father returned to China. He founded a company, dreamed of making big money; unexpectedly, he fell in love with my sister, who already had a husband and a son, Eventually, he left me.

Far away from my home country I did not have any relatives at my side, only a one-and-a-half-year-old son...

The boat of my life seemed to navigate directly towards the Island of Death; dark clouds rolled in, black waves flooded the sky.

Can I win the battle against cancer? Can I escape the pain in my soul? How can I be a single mother? Do I dare to love my scarred body again? Can I lead a happy and fulfilled life?

Book Reviews from Various Countries

1. France

Juliette Montier, artist from France

Huang Mei is not hiding any more. She shares her raw pain and her love for life with her readers. At her side, we sail off over an unquiet and unknown sea. We row between inner darkness and the wonderful discovery of art.

2. Italy

Paola Del Vescovo, artist and professor at the Accademia di Belle Arti di Napo

Huang Mei's book talks about the great strength of an independent woman in a very intense and comprehensible manner. She faced two of the biggest challenges that life has to offer: disease and the responsibility of motherhood.

I was particularly touched by the search for the way to individual salvation: The way to self-awareness and to the freedom of choice are very difficult processes, especially for the socially and culturally conditioned woman.

3. Germany

Hedy Stark-Fussnegger: Vice president of the German Accordion Association

An eventful biography of a woman with a strong soul and love for music, who does not give in to destiny.

Just at the beginning of her career and of a way, about which she herself does not truly know where it will lead and if she wants to continue, she receives a blow of fate that would bring the strongest to their knees: late-stage cancer!

A book that allows an unusally deep look into the soul of Mei Huang, a woman whom I admire. Many people of all ages owe wonderful and formative experiences to her open-mindedness, her inventiveness and her creativity.

I count myself lucky that our paths have crossed.

4. Greece

Floros Floridis, one of the founders of free jazz in Greece and interdisciplinary artist

Living in another country, getting cancer and beating it, getting through the process of divorce and raising a child is not easy!

Among other functions, art also always has the function of trauma recovery.

Mei's literature gave her the second life she desperately needed, filled with the positive energy to continue it, with meaning.

5. Germany

Sonja Merz, conductor of the Accordian Orchestra Euphonia

Mei, with the image of life as a river that with its perpetual motion continually brings changes, with the always new choice to hold on or to accept, your book has touched me deeply. What a great strength that leads you unwavering to new realisations about freedom.

"In all beginnings dwells a magic force, for guarding us and helping us to live."

H. Hesse [translation by Richard and Clara Winston]

I am grateful to know you and to walk part of your way with you.

6. Germany

Dieter and Margret, married dance partners from Berlin, researchers at a German science institution

A deeply touching book that shows us how vulnerable we are, both in body and in mind. However, it also shows how strong we can be when we fight. It has a special value through its authenticity. It demands an attentive reader to recognise its depth. It is not an ordinary book.

7. Germany

Prof. Jeanine Meerapfel, filmmaker

In colourful and poetic images the author describes the stations of her journey, the way from victimhood to an active, imaginative life. The book helps to understand that the strength to survive is within us, and that art can be one of the answers to the complex questions of existence. Mei Huang's strength and will to live is an example of female, true emancipation.

8. Switzerland

Pi-Chin Chien (cellist) & Fabian Müller (composer)

We know Mei as an extraordinary personality, always surrounded by an aura of elegance and with a great sensitivity for art, for which her passion and sparkling intelligence allow her to give other people an understanding. In this book one learns about her eventful life story that captivates and touches in equal measures, and that gives hope that even the worst blows of fate can be overcome.

9.Russia

Sergey Dozhd, Russian artist and member of the Russian Art Academy

Huang Mei is pain that gave birth to beauty and beauty that overcame pain.

10. China

Xinzhong Xu, Professor at Guanghua School of Management, Peking University

In our youth we were fellow students at the Peking University for four years. Huang Mei was always passionate and with a free spirit, and loved to whirl about. After her graduation she selected the subject aesthetics and I went on to study economics. Today she has become an international ambassador for the arts, and I have become a university professor. At different fields we both strive for beauty – the beauty of the human soul. Huang Mei's path shows us once more that life isn't made beautiful by the end results but by its journey: holding onto your dream and your love.

11. China

Yi Ying, professor at the China Central Academy of Fine Arts, famous art critic for contemporary art

"When in spring the silkworms approach death, they spin with the greatest effort; when a candle burns down, tears dry." This is the pursuit until death, an inextinguishable love in the heart. The unremitting pursuit of her career, the limitless love for her lovers, her deep feelings for her child, all of this Huang Mei has achieved with her life as the price. Faced with fate, she became riddled with scars but she did not shrink back in the slightest. She took the heavy weight of fate onto her weak shoulders and continued her difficult way step by step, and finally she achieved the goal and ideal of her love. She has moved us very much. A simple woman who shows inspiring strength, the glow of motherly love, and the determination of a poet.

12. China

He Yunlan: experienced artist, art educationalist, chair of the Women's Art Association Beijing

"Love before Death"! Like a wonderful promise it invites us to dive into Huang Mei's retelling of her experiences: Her feelings and her love, courage and self-confidence, struggle and doubts are all unusual, but after she faced the question about life or death and was reborn as if from fire, there still remained the lovable and admirable Huang Mei who gives life back its colour.

Life is indeed fragile, many people also think that fate is unavoidable. However, Huang Mei's experiences tell us: One cannot choose one's birth and death but one can decide how to love, how to live, and choose which form one gives to one's life!

Eastern tradition flowing through her veins, Huang Mei is an independent woman who can embrace the spirit humanity's cultures with both arms. She deeply loves her family, naturem and art... Love forms a strong soul, it is the power to conquer death. Through her victory Huang Mei once again recognised the value of life and gained a deeper appreciation for it, and her love became wider and deeper. The extraordinary result is the Huang Mei we see today, full of passion for life. Her story is also a revelation of life.

《LIEBEN VOR DEM TOD》

Deutsch.

Inhaltsangabe

Mein wahres Leben begann, als ich nach meiner Erkrankung an Krebs im Spätstadium alleinerziehende Mutter wurde. Als mir dies bewusst wurde, waren schon viele Jahre vergangen und ich begann sogleich dieses Buch zu schreiben.

Im Winter fallen die leuchtenden Blätter des Kakibaums zu Boden, und nur die orangenen reifen Kakifrüchte bleiben in eigenartiger Schönheit noch am Baum hängen.

Ende des Jahres 2000 ähnelte ich als Sechsunddreißigjährige einer winterlichen Kakifrucht; Ich fiel vom blattlosen Baum auf die Erde und zerplatzte zu einem Brei.

Ich wurde in den Operationssaal für Krebs geschoben... Nach der Operation konnte ich keine Kinder mehr bekommen.

Der Vater meines Sohnes kehrte nach China zurück. Er gründete eine Firma, träumte vom großen Geld, und verliebte sich überraschend in meine Schwester, die bereits einen Ehemann und einen Sohn hatte, und verließ mich letztendlich.

Weit weg von meinem Heimatland hatte ich überhaupt keine Verwandten in meiner Nähe, nur einen eineinhalb Jahre alten Sohn...

Das Boot meines Lebens schien direkt auf die Insel des Todes zuzusteuern; dunkle Wolken wallten, schwarze Wellen fluteten den Himmel.

Kann ich den Krebs besiegen? Kann ich aus den seelischen Schmerzen herauskommen? Wie kann ich alleinerziehende Mutter sein? Wage ich es, meinen Körper voller Narben wieder zu lieben? Kann ich noch ein glückliches und erfülltes Leben führen?

Leserkommentare aus verschiedenen Ländern

1. Frankreich

Juliette Montier, Künstlerin aus Frankreich

Huang Mei versteckt sich nicht mehr. Mit uns Lesern teilt sie ihren rohen Schmerz und ihre Liebe fürs Leben. An ihrer Seite segeln wir los über unruhige und unbekannte See. Wir rudern zwischen innerer Finsternis und der wundervollen Entdeckung der Kunst.

2. Italien

Paola Del Vescovo, Künstlerin und Professorin an der Accademia di Belle Arti di Napo

In Huang Meis Buch ist sehr intensiv und nachvollziehbar von der großen Kraft einer auf sich selbst gestellten Frau die Rede. Sie stand vor zwei der größten Herausforderungen, welche das Leben bieten kann: vor einer schweren Krankheit und der Verantwortung der Mutterschaft.

Besonders berührt mich die Suche nach einem Weg zur individuellen Erlösung: Der Weg zur Selbsterkenntnis und zur Freiheit der Wahl sind sehr schwierige Prozesse, insbesondere für die sozial und kulturell konditionierte Frau.

3. Deutschland

Hedy Stark-Fussnegger, Vizepräsidentin Deutscher Harmonika-Verband e.V.

Eine bewegte Biographie einer seelenstarken, musikverbundenen Frau, die sich dem Schicksal nicht beugt.

Gerade am Anfang ihrer Karriere und einem Weg, von dem sie selbst noch nicht wirklich weiß, wo er hinführt und ob sie diesen weiter gehen will, kommt der Schicksalsschlag, der auch den Stärksten in die Knie zwingen würde: Krebs im Spätstadium!

Ein Buch, das ungewöhnlich tiefe Einblicke in das Seelenleben von Mei Huang zulässt, einer Frau, die ich bewundere. Ihrer Weltoffenheit, Ihrem Ideenreichtum und ihrer Kreativität verdanken viele Menschen aller Altersklassen großartige, prägende Erlebnisse.

Ich schätze mich glücklich, dass sich unsere Wege gekreuzt haben.

4. Griechenland

Floros Floridis, einer der Väter des Free Jazz in Griechenland und fächerübergreifender Künstler

In einem anderen Land zu leben, an Krebs zu erkranken und ihn zu besiegen, einen Scheidungprozess hinter sich zu lassen und ein

Kind zu erziehen ist nicht einfach!

Neben ihren anderen Funktionen hat die Kunst auch immer die der Erholung vom Trauma.

Meis Literatur gab ihr das zweite Leben, das sie dringend brauchte, es voll positiver Energie bedeutungsvoll fortzusetzen.

5. Deutschland

Sonja Merz, Dirigentin des Akkordeonorchesters Euphonia

Mit dem Bild des Lebens als Fluss, der mit seiner ständigen Bewegung unablässig Veränderungen mit sich bringt - der immer neuen Entscheidungsmöglichkeit festzuhalten, oder anzunehmen - hat mich Mei, dein Buch tief berührt.

Welch große innere Kraft führt dich unentwegt weiter zu neuen Erkenntnissen zur Freiheit.

"Und jedem Anfang wohnt ein Zauber inne, der uns beschützt und der uns hilft zu leben...."

H. Hesse

Ich bin dankbar, dich zu kennen und einen Teil deines Weges mit dir zu gehen.

6. Deutschland

Dieter und Margret, Tanzehepaar aus Berlin, Forscher an einem deutschen Wissenschaftsinstitut

Ein Buch, das tief berührt, das uns zeigt, wie verletzlich wir sind, sowohl unsere Körper als auch unsere Seelen. Es zeigt aber auch, wie stark wir sein können, wenn wir kämpfen. Einen besonderen Wert verkörpert dieses Buch durch seine Authentizität. Es fordert einen aufmerksamen Leser, um seine Tiefe zu erkennen. Es ist kein gewöhnliches Buch.

7. Schweiz

Pi-Chin Chien (Cellistin) & Fabian Müller (Komponist)

Wir kennen Mei als eine außergewöhnliche Persönlichkeit, immer umgeben von einer Aura der Eleganz und mit einem großen Feinsinn für Kunst. Mit Leidenschaft und sprühendem Geistesreichtum, vermag sie diese anderen Menschen näher zu bringen. In diesem Buch erfährt man ihre bewegte Lebensgeschichte, die gleichermaßen fesselt und berührt, und Hoffnung gibt, dass auch schwerste Schicksalsschläge überwunden werden können.

8. Deutschland

Prof. Jeanine Meerapfel, Filmemacherin

Mit farbigen und poetischen Bildern beschreibt die Autorin die Stationen ihrer Reise, der Weg vom Opfer zu einem aktiven, erfindungsreichen Leben. Das Buch hilft zu verstehen, dass die Kraft zum Überleben in uns selbst ist, und dass Kunst eine der Antworten zu den komplexen Fragen des Daseins sein kann. Die Kraft und der Lebenswille von Mei Huang ist ein Beispiel von weiblicher, echter Emanzipation.

9. Russland

Sergey Dozhd, russischer Künstler und Mitglied der Russischen Kunstakademie

Huang Mei ist Schmerz, aus dem Schönheit entstand und Schönheit, die Schmerz überwunden hat.

10. China

Xu Xinzhong, Professor an der Managementschule der Peking Universität

In unserer Jugend waren wir vier Jahre lang Kommilitonen an der Peking Universität. Huang Mei war immer leidenschaftlich und frei, liebte es herumzuwirbeln. Nach dem Hochschulabschluss wählte sie das Fach Ästhetik und ich die Wirtschaftslehre. Heute ist sie eine internationale Botschafterin für Kunst geworden, und ich Professor. An verschiedenen Feldern streben wir dennoch beide nach Schönheit – der Schönheit der menschlichen Seele. Huang Meis Lebensweg zeigt uns wieder, dass das Leben nicht durch Resultate schön ist, sondern durch seinen Verlauf: dem Beharren auf Schönheit, auf Liebe.

11. China

Yi Ying, Professor der China Central Academy of Fine Arts, berühmter Kunstkritiker für zeitgenössische Kunst

"Wenn im Frühjahr die Seidenraupen sich dem Tode näher, spinnen sie mit größtem Eifer; wenn eine Kerze abbrennt, trocknen die Tränen." Dies ist das Streben bis zum Tod hin, eine im Herzen unauslöschliche Liebe. Das unnachgiebige Streben nach der Karriere, die unendliche große Liebe zu ihren Liebenden, die tiefe Zuneigung zu ihrem Kind, dies alles hat Huang Mei mit ihrem Leben als Preis erreicht. Als sie sich Auge in Auge mit dem Schicksal fand, trug sie Narben davon, doch ließ sich auf keine Weise einschüchtern. Sie nahm die schwere Last des Schicksals auf ihre schwachen Schultern, ging Schritt für Schritt ihren schwierigen Weg weiter, und verwirklichte schließlich das Ziel und das Ideal ihrer Liebe. Sie hat uns sehr bewegt: Eine einfache Frau, die inspirierende Stärke zeigt, den Glanz der mütterlichen Liebe, und die Entschlossenheit einer Dichterin.

12. China

He Yunlan: Künstlerin, Kunstpädagogin, Vorsitzende des Frauenkunstvereins Beijing

"Lieben vor dem Tod"! Wie ein großartiges Versprechen läd es uns ein, in Huang Meis Erzählung ihrer Erfahrungen einzutauchen. Ihre Gefühle und Ihre Liebe, Mut und Selbstvertrauen, Kampf und Zweifel sind allesamt nicht gewöhnlich, aber nachdem sie vor der Frage nach dem Leben oder dem Tod stand und wie aus dem Feuer wiedergeboren wurde, bleibt immer noch die liebenswürdige und bewundernswerte Huang Mei, die dem Leben wieder Farbe gibt.

Das Leben ist in der Tat zerbrechlich. Viele Menschen denken auch, dass das Schicksal unabwendbar ist. Doch Huang Meis Erfahrung sagt uns: Man kann sich nicht aussuchen, wie man geboren wird und wie man stirbt, doch man kann entscheiden, wie man liebt, wie man lebt und wählen, welche Gestalt man seinem Leben gibt!

Huang Mei ist eine unabhängige Frau, in deren Adern die östliche Tradition fließt, und die mit beiden Armen den Geist der Kulturen der Menschheit umfassen kann. Sie liebt zutiefst ihre Familie, die Natur und die Kunst... Die Liebe, sie bildet eine starke Seele, sie ist die Kraft den Tod zu besiegen. Durch ihren Sieg hat Huang Mei wieder den Wert des Lebens erkannt und ihn mehr geschätzt, und ihre Liebe ist weiter und tiefer geworden. Das außergewöhnliche Ergebnis ist die Huang Mei, die wir heute sehen, voller Leidenschaft fürs Leben. Ihre Geschichte ist auch die Offenbarung des Lebens.

○

当人生遭遇重大挫折

我们究竟要如何完成生命中

看似不可能的蜕变之旅

本册插图由曲音女士根据真实照片创作，深深致谢。

儿走一圈，多少公里，都标示得清清楚楚，还小儿科地为登山漫游者计算，如果你速度每小时5公里，从A到B共15公里，那么你需要3个小时，我看了那些标示总忍不住笑。登山漫游的人都是大自然的孩子啊，那些做标示的人就是希望大自然的孩子开心的，所以才做那么详细那么多色彩那么多形状的标示，他们达到目的了啊，我不是总忍不住开心地笑吗？我这么想的时候，又哈哈笑了，吉姆不明白我为什么笑，但是我笑得多，吉姆也跟着开心。登山漫游吉姆总是希望选那条路长的，我总选那些沿途咖啡屋多的，吉姆总笨拙地像哄孩子一样："你看那条路，才20公里，沿途有3个咖啡屋呢。"

"才22公里。"我时常被吉姆选择的遥远的路途气得边走边跺脚，但是沿途的咖啡屋总是能给我解气，芳香的咖啡飘满小屋，精美的糕点带着充满诱惑的名字：黑森林、水果草莓、巧克力奶酪……每个咖啡屋都柔情蜜意，各具匠心，咖啡屋总是坐满了周末爬山的客人，个个宾至如归，心情舒畅，和蔼可亲，大家都互致日安。山中漫步回到家，吉姆常常掀开钢琴，即兴弹上一段，我则立刻进了厨房，准备一天体力消耗后丰盛的晚餐，吉姆弹琴的结束曲必定是德国著名的登山漫步歌——登山漫步是磨坊工人的爱好……在磨坊工人登山漫步的旷野豪情激励下，吉姆故意沙哑着嗓子叫："梅，过来唱，再不来，我的鸭子嗓子就开唱了。"他知道我一听见他的沙哑的嗓音，准会停下厨房的活，乖乖过去唱歌。

晚上柔柔灯光下的吉姆，闲闲地读着报纸。有一次我调皮道："嗨，只有一个太太多无聊，你想不想有别的女朋友。"吉姆答："女人女人真麻烦，我已有过足够的麻烦。很幸运我有了你，从此不必和别的女人有麻烦。"我的好奇心还在继续："吉姆，你和那么多女人睡过觉，你现在有时还想她们吗？"吉姆不耐烦了："别提无聊的问题了。我根本就不记得她们了，如果说还记得一个女人，就是没有和她睡过觉的那个。"吉姆说这话时神情变得有点迷茫，自言自语道："嗯，她在哪儿呢？这么多年做些什么根本就不知道了。”吉姆的回答让我心里有点酸，我想追着吉姆再问出点什么，但是我看到吉姆转眼又埋头到他的报纸中，舒心地喝着我买的啤酒，大笑着评点当日的新闻，我心里感到踏实了，当初由于吉姆和成打的女人睡过觉的结也早已被解开，我不想再计较吉姆的过去。和吉姆在一起的日子我从不担心，在他眼里，我盛装而出好看，生了病黄黄的脸依然好看，厨房里衣衫油油还是好看。我常跟他开玩笑：“中国人说，情人眼里出西施，我真是套个破麻袋在你眼里也会成西施。”既然吉姆认为我问他想不想以前的女人的问题无聊，当然吉姆也从没问过我和多少男人睡过觉，想不想以前的男人。

我说自己套个破麻袋在吉姆眼里也会成西施，倒不是我想象丰富，而是典出有故。吉姆喜欢骑自行车，他工作第一个月拿到工资后的第一件事是花掉半个月的工资，用当时合一万人民币的钱买了一辆13挡的荷兰造的高级自行车，带着他娇小的中国女朋友，不是带在后座，而是带在前横梁上揽在怀里兜风，我后来一直想一个问题，如果吉姆是有一个德国女朋友，和他差不多高，还不说和他一样壮，他会不会把她带在自行车前梁呢？因为吉姆让我跨上自行车前梁，他有些得意，还有一丝把我这个小小中国女子一把抱上前横梁的狡黠，吉姆不断换挡，不断加速，把自行车骑得飞快。在德国留学几年的我，回国看到女孩子们穿得花枝招展，我在德国打工挣的钱都散在了欧洲到处旅游的地方，都送进买音乐会门票的窗口，穿着则很朴素。那天我身上穿的是一件咖啡色直筒针织衫，回国时买的，3元人民币，在膝盖上，家中随意穿的那种，出门时我在腰间系根细细的同色系棉麻带子，瞬间变得前凸后翘，脖子上搭了条月白色真丝围巾，过美茵兹河的大桥时，迎面好几个素不相识的德国人友好羡慕地打招呼，那意思是说：好一对甜蜜的恋人。吉姆边蹬车，边把他的安全帽碰我的安全帽，因为两个人都戴着安全帽，脸碰脸是没有可能的，这时候我的月白色丝巾就飘到美茵兹河里去了。那天剩下的路程我就抗议吉姆骑车太快，让我丢了真丝围巾，我那条筒子裙，一定要真丝围巾来提提档次的，而吉姆则一路兴奋不已地在我耳边说：好看，好看，那些傻帽都是看你啊。我开心地笑了：如果他们是傻帽，那你也一样傻帽，不过我觉得他们还蛮有眼光哈。

对于我来说，情就是一切，当我死心塌地动情的时候，我就准备为我的爱人和丈夫付出一切。但是我发现吉姆不完全是这样，他对我是随着我们关系的进展而一步一步更好。结婚后，当我想继续打工，并且赌气地说，如果找不到去德国公司的工作，大不了就去中国餐馆端盘子，吉姆很严肃地说不行："你现在是我的妻子了，我不同意你再去当女招待端盘子。"我心里纳闷，德国人也讲究这些，难道我是她女朋友的时候，我去餐馆端盘子他就无所谓？我认识一对德国情侣萨拉和特德，两个人是大学同学，外表都帅得像模特，很般配，男的学业早就结束了，开起了自己的律师事务所，收入颇丰，女的学业一直拖着，一直在端盘子打工或者在男友的律师事务所拿极其低的助手工资，并且还当过收入不高的模特，喝酒多了，特德会大叫萨拉花了他的钱，"是我供着你"。萨拉赌气搬出特德的豪华公寓，自己去租便宜的小屋，特德又去找她，两个人同居多年，就是没有结婚，后来女的完成了学业，两个人结婚了。再后来，萨拉自己开了律师事务所，业务比特德还好，特德对萨拉越来越好，百般呵护，和以前判若两人。两个人没有孩子，婚姻却是历久弥坚的那种。我暗暗佩服德国人那种吵了架又能和好的精神，那是一种理性的精神。像这一对经历过恋爱、同居、分手，最后结婚的爱人，我很佩服萨拉能承受特德对她的咆哮，甚至轻视和侮辱，但是她坚持完成了自己的学业，通过了非常难的律师资格考试，我还暗想，也许最终萨拉比特德还更发挥了外貌的优势，而特德呢，他也能最终放下架子，变了个人，甚至把自己的业务客户推荐给妻子，他们最后真正成了出色的一对，收入也很高，生活得很舒适优越。

吉姆是我认定可以做好丈夫、好父亲的人。我们在结婚后的日子里，比恋爱的时候更心心相印。

在北京大学的未名湖上，我这个南方湘江里游泳的妹子学会了滑冰。

在欧洲，我这位中国妹子学会了滑雪。当吉姆将我背在后背上飞驰时，我将生命交给了他。癌症手术之后，我每年都独自去滑雪，对生命的神秘体验只属于我自己。

第六章

与吉姆的婚姻生活

经济危机中面临失业的吉姆，希望我在德国做个秘书之类的工作能有收入，而我却想做学术研究。心情郁闷的我，拿了我们两个人共同账户里的1500美元，独自去了美国旅行。从美国回来，我就看到客厅餐桌上吉姆单独起草的分居协议书。

我是爱吉姆，还是爱吉姆会弹钢琴，还是爱有很多人会弹钢琴的德国，我对此一直很迷惑。尽管迷惑我还是嫁给了吉姆，既然嫁了就想将婚姻进行到底。然而，德国的选举之夜彻底改变了我的一生……

跨国婚姻中的压抑与鸿沟

我嫁过吉姆，即使一切曾经近乎完美，但我们还是离婚了，离婚的时候我们都还年轻，按说离了婚也就不用想了。

但是我想，我不能不想，因为我嫁给了吉姆，不仅仅是嫁给了一个人，我以为自己也嫁给了一个家庭，一个我很喜欢的、在异国他乡给我温暖给我归宿感的文化大家庭，我以为自己也嫁给了一个国家，一个我很向往也很在乎的国家。

一个年轻的女子，在她怀着梦想来到一个她崇尚的国家，又获得一个大家庭的接受，该是一种什么样的感觉呢？那是一种不再漂泊的感觉，一种被接纳、被认可的感觉，一种不再孤独的感觉，一种能落地生根的感觉，一种幸福的感觉，这种种感觉都促使我想做一个好妻子、一个好媳妇、一个有出息的人。在一个我降落到这个国家的土地上才从零开始学习其语言的国家，我要付出双倍的努力才能成功，我马上就要成功了，但是我的婚姻破裂了。

和吉姆曾经近乎完满的恋爱和婚姻生活，对于我来说，却总有跨越不了的鸿沟和解脱不了的压抑！

和吉姆恋爱之初，他的父母先来看过我了，我一定要去吉姆家回礼的。为了带一点特色礼物，去吉姆家的当天，我和女朋友欣去法兰克福市远郊宋总的餐馆，取新出炉的烤鸭和烤鸡。车要坐好远，来回长途票很贵，忽然我很舍不得买，只买了张短途的，偏偏查票的人来了，将我和欣带下车询问。我又羞愧又懊恼，就撒谎说："我们是学生，去那里打工，车来了我们一紧张就买错了票。"查票员犹豫地看着两个中国女孩，最后没有罚我们。在德国，如果乘车不买票，哪怕买错了，罚款当时是60马克，相当于人民币300元，也相当于我出国前3个月的工资。后来吉姆全家吃烤鸡、烤鸭，吃得很香，不断地夸我送的礼物好，我却一块也吃不下，觉得很羞耻，堂堂一个中国名校毕业的大学生到德国坐车不买全票，还被逮着了。

这种羞耻和羞愧有多大？持续多久？对于我来说，它持续终生，在我后来的人生中，我很多次吃烤鸭或者坐地铁的时候都会想起当年的窘迫。在心底的深处，我知道自己只是为了所爱的人、所爱的人的家人去取那些烤鸭、烤鸡，只有爱的安慰能让我稍稍为自己的行为开脱。我学着放松自己，甚至觉得自己做了件潇洒的事，问题出在我不是在轻喜剧的熏陶中，而是在接受莎士比亚的悲剧和崇高中成长了，我不能百分之百说服自己。

我和吉姆很少吵架，大半我记不得原因，记不得原因就意味着争吵也不厉害。吉姆知道抚慰我的灵丹妙药就是去买一束花出现在我面前，有一次周日吵嘴，吉姆又跑出去了，我纳闷周日商店都关门了，吉姆去哪儿买花。不一会儿吉姆冲进门来，单腿跪在我面前，得意地哼着贝多芬《命运交响曲》的开端：咪咪咪哆……一束花魔术般地出现在我眼前，吉姆笑嘻嘻地告诉我，他是跑步到火车站买的。周日只有火车站的花店还是营业的，这个连我自己也没有想到，我惊喜地连忙擦去眼中的泪水想看真切，然后破涕为笑。

结婚前有一次我们两个人吵得不可开交，我非常伤心，而且让我刻骨铭心，吉姆买花送花也绝对化解不了。争吵的原因我也记不清了，只是吵着吵着就严重了，吉姆说我和他在一起是想有一天和他结婚，然后获得德国的居留权。我垂头落泪，然后硬起心肠反击：“如果不是因为哲学，我根本就不来德国，如果我来德国没有碰到你，我根本就没想留在德国，我原本以为我到德国不出两年就会去美国，我的大学同学都去美国了。退一万步说，我聪明又智慧，为什么我就不能在德国留下来？为什么德国要拒绝我？而你，尽管你是一个德国人，可是你的工作不够出色。”我这下可戳着了吉姆的痛处，吉姆爱他的工作，他工作非常认真，他希望能够胜任一份专业工作，使他获得社会的认同和家人的认可。吉姆大哭，仰面倒在床上，大眼睛瞪着天花板大叫：梅，你故意伤害我，你故意伤害我。当垂头落泪的我抬头看见仰面而哭的吉姆时，我很惊讶德国人怎么仰面大哭，伤心的中国人不是掩面抽泣吗？

我在中国是学业和工作能力都非常强的人，到了德国我虽然没有正式工作过，但是我做学生时在德国大公司做秘书和助手的兼职工作都很受同事和老板尊重。因为我在秘书和助手的工作岗位上也奉献我的文化与创意。1993 年暑假，我到德国著名的制药公司迈兹（Merz）公司工作，该公司的口服美容补品的一句广告语传遍全德国：真正的美发自内在。在这个公司我的打工待遇是：每小时工资 22 马克（当时合人民币约 120 元），后涨为 24 马克，另带休假和加班工资。我暑假在该公司工作 10 周，够我做学生一年的开销。在迈兹公司工作时，我的部门老板是迪尔（Dill）博士，他是个经验丰富的长者，迪尔博士有一个长长的大客户名单，上面记录着每个人的生日，他每年不发送惯常的圣诞贺卡，但是送生日祝福。迪尔博士每年都费心构思独特的生日祝福。我在他那儿工作时，曾给他提建议：中国的孔圣人有一段话，‘吾十有五而志于学，三十而立，四十而不惑，五十而知天命，六十而耳顺，七十而从心所欲，不逾矩’。您的朋友所有年龄段上的都有，对照中国孔圣人的话，他们一定会各有各的体会。无论是哪个年龄段的人，中国的圣人都主张‘吾日三省吾身’。在工作紧张的社会里，如果我们还能够每日三省吾身，那一定对身心都有好处。”迪尔博士对我的建议仔细聆听，详尽询问，把中国孔圣人的话录入他那年的生日祝福词中，依次发给他的两百多个大客户。而迪尔博士自己拟写的前一年的生日贺词中的一句话也给我很大的启发：亲爱的朋友，你一定很需要获得认可……那时，在我的观念中，犯了错误很难马上口头认错，有了成绩也不好意思直接请求别人的认可。若干年后，我从德国回到国内，收到很多求职信，我很惊讶，年轻人都很不吝啬推销自己，求职信上都潇洒地写着：相信我，我一定能胜任；给我一个平台，我将大展宏图。这样的话很轻易就说出口。这些年轻人工作中出现了错误，口头认错非常轻松，“请相信我，下次不会发生了”，而下次再犯错这些年轻人也还是很轻松。

我有一段时间感到自己在国外确实落伍了，别人对自己的认可和自己对别人的认可对于人生是多么重要，用适当的语言表达自己是有必要的，但是该怎样积淀自己，让自己不轻易跟从广告式的语言呢？

我从小到大学习和工作都是如鱼得水。和吉姆一起生活，我每天都听吉姆下班唠叨工作上的事情，虽然吉姆大部分时候是在笑话和不满老板或者同事，我却能判断出吉姆的工作能力、处事方法都有些问题。对于自己的丈夫，我只能好言相劝，或者和丈夫一起笑话老板和他的同事。我不能完全判断德国公司，更不愿伤害打击丈夫。

但是现在吉姆如此地刺痛了我，我就开始无情地刺痛吉姆。

我刺痛吉姆，有关吉姆工作的成就问题后来长时间伴随着吉姆。

吉姆刺痛我，有关爱情与居留的问题成为我们日后分手的隐患。

要结婚了，我和吉姆走在森林中，空气清新，我的心中充满了爱和感激：“吉姆，你妈妈对我多好，结婚后，我就叫她妈妈。”我感激地想着未来的婆婆，吉姆的回答却给了我一计闷棍：

“你怎么叫她妈妈，她已经有4个孩子叫她妈了。”

我暗自伤心，问：“那我怎么叫啊？”

“就继续叫她名字好了。”吉姆很自然地回答。

“卡琳？”我该叫我的婆婆卡琳！吉姆让我这么叫，我无奈透顶。初到吉姆家的时候，我觉得，按中国的习俗我应该叫吉姆的妈妈为阿姨，可德国没有阿姨这一说，吉姆说德国就叫名字啊。于是我拿腔拿调地就叫吉姆的妈妈卡琳，刚开始有点别扭，叫久了又有点西化的洋气，还有点西化的轻松，但是我的内心深处总是有点不是滋味。现在要结婚了，吉姆让我结婚后仍然直呼婆婆的名字，而且是对我心里真的很爱的婆婆。

“结婚后，你也准备直呼我父母的名字吗？”我心情沮丧地问吉姆，吉姆反问我他该怎么叫。此时我却不再愿意跟吉姆多说，按中国的习俗吉姆该叫我的父母“爸爸妈妈”，我心想：人家既然不稀罕我叫他的父母“爸爸妈妈”，我干吗穷攀呢？

结婚那天，吉姆和我一起往中国打电话，吉姆激动地跟着我大叫我的父母“爸爸妈妈”，叫得我心里五味杂陈。但是，结婚后我每叫婆婆一声“卡琳”，都感觉很羞愧，对婆婆不够尊重。

结婚那天，我感到很幸福，植物园中的大树，把所有的笑声和祝福都映衬成绿色。绿色，象征着无边的憧憬、无边的希望。

但是面对这幸福，我仍然有一缕挥之不去的乡愁。

我的父母没有来参加我的婚礼，我压根没有提出让自己的父母来，很麻烦，要办签证，还有一个原因，那就是要花一大笔钱，我没有那么多钱。我的婆婆对我说：在德国，婚礼都是女方办的，梅，我们爱你像爱女儿一样，我们都给办了。这样的情况，我怎么还能提出邀请我父母来呢？

很幸福，但是总有那么一丝压抑摆脱不了。吉姆的父亲我的公公说，感谢我的父母生养了我这样一位聪明有教养的女儿，向我的父母敬一杯酒——隔着数万公里。我自己其实并没有太想着父母的养育之恩，小时候过生日有妈妈做的荷包蛋面，虽然没有包装漂亮的礼物，但是有时候有新衣服，现在啥也没有了。我不满意有了电话之后，父母也迷上时尚玩意儿，连信也不给我写了。父亲的信、父亲的家训、父亲的书法、父亲的文笔，都曾经是我的精神支柱，现在看来父亲对放弃写信并没有惋惜，他更愿意轻松地接我的电话了。在电话里，他一句话总是会重复好几遍，却不可能吟诵诗词了。中国往德国打国际长途很贵，父母不打，希望我打，不仅父母希望我打，国内的亲戚都希望我打电话，因为来自大洋彼岸德国的电话是令人激动和值得炫耀的事情。我一个人孤独地在德国生活，我感觉从父母那儿、从家人那儿都得不到什么安慰了，我庆幸自己在德国有吉姆和吉姆一家，当然我这种对父母和亲人的失望也是绝对不能对吉姆和吉姆一家说的，我要这个面子，要这个自尊，我还必须让吉姆对我父母好些。这一切我都只能一个人孤独地支撑着。算了，就独自一人嫁给吉姆了，嫁给德国了，父母不用来了，来了只会添麻烦，我也不在意父母是否能来参加我的婚礼了。但是夜深人静的时候，总有一种失落和压抑，摆脱不了，挥之不去。

如果我和吉姆有一个孩子，那我在德国就真的落地生根了。但是谈到要孩子，我没有想到吉姆一句话就让我伤心不已。

吉姆个子一米八五，脸型标致，我梦想和他生个漂亮的孩子。吉姆咧着嘴，说玩笑也玩笑，说认真也认真：“什么，生孩子，像你那样的眯眯眼？”我的自尊心大受打击，跑到婆婆那儿告状，卡琳教育吉姆：“怎么这么傻啊，你和梅生的孩子一定是最聪明最漂亮的，远交是优势啊。”吉姆的大眼睛滴溜溜一转：“嗯，妈妈你说得对。还有一个优势，梅很健康，她每项运动都好，滑雪一下就学会了，比所有德国女孩都快。”

我盯着吉姆的大眼睛却想：我在中国已经被认为是双眼皮、大眼睛，而且是深邃的大眼睛，吉姆就没有体会到他妻子深邃的大眼睛的智慧吗？滑雪的时候他的妻子不仅学得最快，连出租滑雪板的地方都给免费了，集体做游戏时，他的妻子的中国小魔术让所有的德国男士都看傻眼了，参加玩牌盘盘赢，把一个德国女士都气跑了，吉姆不是很为他的妻子骄傲吗？为什么到头来吉姆还是认为我的眼睛小、很奇怪呢？和我生个孩子就会很搞笑吗？

为什么我就认为吉姆的大眼睛那么好看？为什么吉姆就认为我的小眼睛不够好看？从那以后，我开始用挑剔的眼光看吉姆的眼睛，我开始觉得吉姆的眼睛大却不聚光，更谈不上深邃。

吉姆的失业危机

既然吉姆和我吵架也搬出了德国居留问题，我也就开始挑剔吉姆的智商不够聪明绝顶。

1994 年底，德国经济滑坡，失业率大大提高，吉姆也被调离霍尔兹曼总部。他有两个选择，去原东德城市莱比锡或者德国首都柏林。“只能去柏林，吉姆，你的太太是首都人，我是从中国北京来的，我习惯了都市生活。”在德国生活我已经连金融城市法兰克福都嫌小了，吉姆成全了他的妻子，我们共同搬到了柏林，住进了一层别墅，房租不低，因为东西德统一后，德国已经全民公决迁都柏林，全德国的人都在议论迁都要花很多钱。是啊，迁都是很昂贵的。为了吉姆和我“迁都”，婆婆卡琳每个月汇 500 马克“支持迁都费”到吉姆的账号。没有想到，首都柏林在文化生活方面让我和吉姆百分之百满意，但是吉姆到柏林后，工作就再也没有一天顺心的日子。压力越来越大，每天他早上六点准时起床，六点半准时出门，晚上八九点回家。周一到周五，像在法兰克福一样我们每天共进晚餐的日子一去不复返了。这段时间我用德文写完了博士论文，又用中文开始写一本专著，我梦想建立一个中德文化比较研究所。相爱、相恋、结婚的数年里，吉姆相当喜欢我的文化梦想，对自己的妻子撰写博士论文、写专著、在家里画中国山水花鸟，吉姆内心很欣赏，在同事、家人、朋友面前总是以自己的妻子为傲。如今经济危机发生了，吉姆劝我放弃所学的找不到工作的艺术专业，去做职业培训，然后做一名高级秘书，因为吉姆的姨妈在柏林就是一家大公司的老总秘书，穿着入时，办事干练，生活收入都很不错。吉姆觉得，我干这样的工作也一定会得心应手，我在德国大公司兼职时就很受老板的赏识。吉姆有不少银行存款，德国银行的这种存款表，上面提问如果存款人死亡谁继承，吉姆在第一继承人栏里全都端端正正地填着我的名字，我第一次看到这些表格时心里真不是滋味。如今，吉姆常把这些表翻来翻去，他时不时神经兮兮地对我说："梅，我把银行的钱和我能得到的遗产都算过了，如果失业，我就骑车去全世界旅游，我的钱刚够我一个人生活和旅游，我养不活你了。"面临学业结束，我在德国突然感觉看不到前途，吉姆却毫不忌讳地对我说："忘记你的北京大学吧，你很聪明，你在德国做一个总经理秘书也是很好的啊。"

中国名牌大学的研究生，到德国以最优秀成绩获得了博士学位，就只能做个总经理秘书吗？

我绝不愿在德国做个秘书。

我和吉姆的隔阂一下增大了，生活变得很尖锐。

会七门流利的外语、工作勤奋，但是专业能力不是很强的吉姆在经济危机的时候将面临什么呢？

德国当时最大最著名的建筑公司霍尔兹曼要开始大幅度裁员了，吉姆的工作难保了。来柏林不到一年，吉姆承受不了可能即将被裁掉的压力，和公司协议提前跳槽到另外一家稍微小一点的建筑公司工作了。果然，1999 年到 2000 年之间，时任德国总理的施罗德先生组织了 22 亿欧元，以挽救这个有着 150 年历史、在全球拥有 2 万雇员的建筑集团（Philipp Holzmann），但是回天无力，该公司仍旧和其他德国大型企业一样，在施罗德政府时期破产倒闭。吉姆提前跳槽到另一家建筑公司，从一位办公室工作人员变为施工工程师，亲自上工地。第一个项目的工地就是在柏林市中心最著名的大街勃兰登堡门菩提树下大街，在一栋历史保护的老建筑里。我戴上安全帽，跑到丈夫的施工地表示支持，吉姆详细地给我介绍这栋国家文物老建筑，外部墙面全面保留，里面全部现代化。许多年后，每次路过那栋经过全面改造后外表保留原貌，内部结构全部现代化的大楼，我总是充满感情，觉得就是自己的丈夫一手负责施工的。但现实却很残酷，吉姆是一介书生，曾在霍尔兹曼总部办公室工作三年多，在竞争不那么激烈的年代，他能比较好地胜任办公室工作。但是吉姆根本没有施工经验，在经济不景气的时候，一切都很紧张。没过多久，吉姆就感觉到工作的压力及和上司相处难以承受，吉姆解决这种压力的办法是：别的同事一般不愿到外地工作，而他认为为了工作，世界上任何地方他都可以去，而公司的确在世界各地都有工地。我强烈反对："吉姆，歌剧《漂泊的荷兰人》我们都喜欢。但是生活不是歌剧，我是中国人，我以为到德国学两年哲学我就会去美国，没想到光德语就学了两年才过关，5 年才拿到博士学位，我上学上够了。如果你去另外一个城市，我们就分居了，如果你去西班牙、意大利，我就又要学西班牙语、意大利语，我不想学了，我想稳定，想去工作，想要孩子，想要一个完完整整、安安定定的家，我不想再漂泊。"

但是吉姆不管不顾了。他不和我商量就主动让公司把他派到另一个城市工作去了，两三周回家一次。他像个大孩子，每次回柏林都背着大大的旅行包，里面是他换洗的衣服，他宁愿背着大旅行包倒火车、倒飞机，也要把这些衣物拿回家来让他的妻子洗。每次下火车或者下飞机，他的表情都让我心动，他四处张望，以为他的妻子没有来接他，脸上充满失落和困惑，最后，他总能看见我拿着一支黄玫瑰在等他，那时他总是极大地满足，每次都喜出望外，有点羞怯地紧紧抱住我，无数的吻不止一次把我的耳环都吻掉在地上，然后两个人又双双趴在地上找耳环。分离让吉姆重新陷入了爱情，情意绵绵中吉姆会温柔地请求："梅、梅，我不仅想和你在一起，而且还想和你一起生孩子，我们的孩子。我们要有个大大的家。"

大大的家，两三个孩子，这也是我的梦想。可惜现实不一样，隔三岔五情意绵绵的周末不能代替长久分离的思念和寂寞。在遥远的城市工作了一段时间后，吉姆又和上司关系紧张起来，即使周末回柏林和我相聚也情绪不佳，分离和看不到生活的前途让两个人开始变得陌生了。

分居后重归于好

1996年的圣诞和1997年的新年，吉姆决定去潜水两周，他觉得那是最能让他释放压力和放松的最好运动，特殊时期的我变得很敏感，我极力反对："你不要去做荷西，你不要去做荷西。"我曾给吉姆讲过三毛与荷西的故事，吉姆觉得中国女孩真是太大惊小怪了。我不愿跟着吉姆去潜水，好像吉姆就是荷西，好像噩耗就要临头。我第一次没有和吉姆一起去度假，而是独自一人逃往美国，花掉了家庭存折上的1500美金，那是我和吉姆共同生活几年，我第一次单独花家庭存折上的钱。家庭存折是吉姆和我结婚后开的户，上面是我和吉姆两个人的名字，由于结婚后我不打工了，没有收入，所以上面的收入全是吉姆的工资。我一直是吉姆心目中最节省的妻子，每月从家庭存折上取出用于家庭开销的钱很少，少得几乎要成为吉姆和婆婆的笑料，但那是在生活和工作宽松的日子，经济危机的时候吉姆自身难保，他挣的每一个马克除了和我一起花，他想的就是失业了怎么办！我从美国回来，见到的是吉姆勃然大怒的脸和吉姆摆在桌子上草拟好的分居协议，他说他认为我不是一个好妻子了，按照德国法律，夫妻必须分居一年以上才可以离婚，所以他要先开始和我分居，然后再考虑是否和我离婚。我心里哆嗦害怕，但是也不哭喊乞怜，傲气的我咬着牙在分居协议上签了字。

这份分居协议我只记住了内容是要和我分居，文字我一个字也没记清。

吉姆和我在一个屋檐下分居了。

吉姆和我在一个屋檐下分居，各占一室，我们共用客厅和厨房，像一对常年合住的房客，照常进出，相安无事。德国法律规定，在夫妻分居期间，如果妻子没有工作，丈夫必须支付其收入的百分之四十作为妻子的生活费用，吉姆严格按照德国法律支付我分居抚养费。我觉得有意思，我和吉姆是恩爱夫妻时，我勤俭持家，每个月从来没有花掉吉姆百分之四十的工资，每个月、每年剩余的钱都在吉姆和我的共同账号上。现在两个人分居了，我们是各住各的了，我拿着足够多足够花的钱，却连家务都不用做了。我有种特别奇怪的感觉，法律总是不及自律。

我和吉姆是在一个屋檐下分居的，这个家我很舍不得。

我到德国之前在中国的二十多年里，16 岁去北京上大学之前都是和父母在一起住的。父母都在一个很大的国有企业工作，我出生的时候全家住在一间十几平方米的小屋，屋外搭了一间更小的小屋作为厨房，我以为那间十几平方米的小屋是父母结婚的新房，但是后来才知道其实不是。父母是借别人的宿舍结婚的，一间宿舍里面本来是住两三个人的，给其余的人说个好话，让他们回避一下，让我的父母新婚之夜能住在一起，这就结婚了。后来我要出生时，单位分给父母一间 16 平方米的屋子，没有厨房，因为是小平房，各家各户都在屋子外搭建了一间小屋做厨房，我和父母，后来又加上妹妹，四口人住在一起。

在我的记忆中，我们并没有因为屋子小而不快活。

我上中学的时候，父母单位第一次为职工盖楼房，父母因为是双职工分得了两间房子，共二十几平方米，我家住底层，还有一个三十多平方米的院子。父母在院子一角栽了一棵树，几年后树荫遮住了半个院子，我的父母还养了几百条金鱼，养了很多花，养了鸡，我和妹妹放学之后的任务是到臭水沟里给金鱼打捞鱼食，臭水沟里泥越黑越臭，一片片在黑泥上漂浮着的红红的鱼虫长得越鲜艳越肥，捞回了鱼食喂了鱼儿就给花浇水，冲洗带鸡粪的院子地面，鸡生出了鸡蛋轻松得咯咯地叫，每只鸡发出的声音高低长短节奏都不同，构成鸡鸣重奏。晚餐时，桌子摆在院子里，被花儿包围着，几百条鱼儿在身边游着，香葱炒自家鸡生的鲜鸡蛋，味道真好，但我有时顾不上吃饭，上中学的时候我经常因解答数学方程式入迷。

我上中学的时候也没有留下因为屋子小而不快活的回忆。

后来我上大学到了北京，大学是6个学生一间宿舍，上下铺，大家常因为作息时间的不同有微小的冲突，但是在那间屋子里我也没有因为屋子小而不快活的回忆，大家成了姐妹。我上研究生的时候是两个人合住一间宿舍，这在当时北京的高校里属于最好的条件，我享受了这个好处，但是依然觉得不够，因为当时女生开始有男朋友了，每个人都很需要私密的空间。从那时开始，我才有了对独立空间的强烈渴望。

我在中国从来没有过自己的独立空间。到德国后首先是住学生宿舍的"筒子楼"，12平方米的房间，沙发掀开是一张床，浴室和厨房在楼道里，我第一次有了拥有自己的空间的感觉。后来，我又努力得到了公寓似的学生宿舍，18平方米，还带自己的浴室和"厨房角"。所谓"厨房角"，就是没有单独的厨房，而是在房间的一角安装了电炉平台、冰箱、水池等，这比在90年代初，我的大学同学研究生毕业结婚了还住"筒子楼"的条件都好，那是我平生第一次拥有了自己完整的私人空间的感觉。

吉姆和我从法兰克福"迁都柏林"搬进这个房子的时候，据说房子里以前住着美国人，"二战"后柏林的东边由苏军占领，西边由英、美、法三军占领，东西德统一之后，驻军全面撤离。美国人住在柏林看来很舒适，房子是栋小别墅，共三层，我和吉姆住二层。墙壁颜色暗淡了，我买来涂料、刷子，系上头巾，登上梯子，亲自动手刷白。吉姆和我迁都柏林，婆婆很支持，主动提出每个月资助我和吉姆500马克"迁都费"，以确保我们在首都的小资生活。我此次不用去包豪斯挑木板搭家具了，沙发、地毯、餐桌、床、大衣柜我一件件去家具商店挑选，为了节省送货费，我自己开着一辆运货车横穿陌生的都市去提货，家具到了，我一个螺丝一个钉，自己动手组装。家具摆齐全了，我在宽大的餐桌上展墨研笔。最终，家里洁白的墙面上都挂满了我充满憧憬和安宁的水墨画。

我很舍不得这个家，和吉姆分居后，我一如既往地收拾着这个家。吉姆明目张胆地交了个女朋友带到家里，我礼仪如常。但是有一次，吉姆和他女朋友吃完饭，留下桌子上的杯盘狼藉就要离去，我要发火了，吉姆也要发火，被他的女朋友劝住了。法律上，我还是吉姆的妻子，但是我和吉姆分居了，我们两个人认为各自都有自由，应互不干涉私生活，我想对吉姆发火，可面对那个陌生的女人我有一种莫名其妙的不自在感。那个女人处于恋爱中，似乎因为幸福而大度地劝住了吉姆，这让我感觉自己涵养不够，几乎有一种失败感。从那以后，我下定决心从容以待，以不变应万变，有火也不发。一年过去了，按照德国法律，吉姆可以提出离婚了，但是他不想离婚了，他主动与我和好了，那位露水女朋友早就消失得没有踪影了，吉姆更像不曾发生过似的说和那个女孩根本没有希望，不可能，年轻的女孩连大学都没有开始上。我想吉姆养我这个博士就已经害怕了，自己的工作职位都难保的吉姆更不敢真娶一个经济没有独立的女人。

吉姆和我自自然然又在一起了。

1998 年 8 月 16 日是个星期天，我和吉姆去柏林“新国家美术馆”看费宁格（Lyonel Feininger）的回顾展。费宁格 1871 年出生在美国，19 岁到德国学习，就留在了德国和欧洲，直到晚年才回到美国。173 幅油画展示了他美国—德国—欧洲—美国 70 年的绘画创作生涯，内容丰富得让人不知从何看起。为此，吉姆和我参加了一个讲解团，把欣赏之旅交给讲解员去带领。一个小时的讲解过程中我步步紧跟讲解员，讲解结束时，我真感觉有点累了。坐在博物馆的露天咖啡馆里，我们谈论着费宁格的画和讲解员的讲解。吉姆和我一致认为费宁格的画很奇特，尤其是色彩，他所有的画几乎都是模糊发旧的调子。吉姆和我都对讲解员不满意，觉得讲得不够深刻，讲解仅仅随着绘画的选题泛泛介绍，但我们都无可奈何，尤其是我，觉得不听讲解更不得要领，因为我对费宁格没有任何了解，我懊恼自己美术史知识的匮乏。似乎为了安慰我，吉姆另辟话题，眉毛抬了抬："你有没有注意到，听讲解的人群中，有一位女士很独特？""怎么可能，我当然只看人群中的男士了。"我半顶撞半调侃地回答。吉姆拉近椅子，一只手放到我的膝盖上，俯着身子神秘地说："那位女郎已不年轻了，但她气质独特，很迷人，她的头发大约是自己剪的，参差不齐，非常短，向上立着，这使她的脸部很有个性。""你不错啊，观察迷人的女士比看费宁格的画还仔细，是不是整个参观中你把全部的女人都轮番看了个够啊？"我不由自主地揶揄。吉姆开心地大笑起来："亲爱的，其余的人都没有什么可看的，他们好像是为了完成任务而听讲解，好像是给自己的星期天找了个丰富而有意义的活动，但他们并没有从中获得快活，只有你……"我竖起了耳朵，想听听这个观察力古怪的丈夫怎么在欣赏完别的女人之后再刻薄他的妻子。吉姆充满爱心地笑了："亲爱的，只有你是人群中唯一的天使，你像在教堂里听圣经一样入迷，脑子里没有任何偏见和预先固有的想法。""你把我说得像我们中国的乡下姑娘进城。"我嘴硬着，心里还是很高兴，暗暗惊讶吉姆淡如水的表情下，原来观察感受都一针见血。

我和吉姆不仅和好如初，而且生活比以前更自在了：我也挣钱了啊！在和吉姆分居以后，我前所未有地感觉到工作和独立的重要性，我放弃了创立一个中德比较文化研究所的梦想，开始在柏林四处找工作。很快，我就在德国一家做国际培训的公司找到了工作，公司的重点业务是为在转型和改革中的俄国和中国一些高级团体提供培训，我在办公室做业务管理、翻译，高级团体培训结束后一般有一周到两周的参观和旅游时间，我也会做导游，团员如果在旅行中购买高级手表和钻石，我还有价值不菲的回扣。

我在德国的第一份工作收入不低，自从我有了自己的收入，我就不要吉姆给我抚养费了。我只是出于我的本能这么做的，不知道这是不是让吉姆开始对我刮目相看了，也不知道这是不是吉姆与我和好的原因。

我和吉姆像以前一样周末看展览、看演出、做运动，但是看展览、看演出之后却不必像以前一样犹犹豫豫，而是不假思索地出入饭馆、咖啡厅。面对面时，其实我们两个人没有很多话，但是吉姆自在得很，牙签夹在指缝里，翻着报纸，读着杂志。

吉姆又成了那个在我身边自在自得的丈夫，但两个人之间真的什么都没有发生吗？

改变我一生的一个晚上

女人一生的命运是怎么决定的？这永远是个谜。

我曾经有自己坚定的生活追求和准则。在中国，我一帆风顺，16岁考上中国最好的大学，二十几岁已经完成本科和研究生的学业，即将在大学任教。但是我的心中有出国学习的梦想，这个梦想似乎高于一切，或者说，时代的潮流让有机会的人都想去美国或者欧洲留学。我获得了机会，毫不犹豫地去了德国，从零开始学习德语，并在30岁的时候拿到了德国的博士学位。我崇尚艺术，喜欢旅游和运动，这些我和吉姆都合得来。但是当我30岁拿到德国博士学位的时候，我突然间感觉自己想要孩子了，我有年龄的压力。

吉姆在外地工作已经两年多了，其间有一段时间我们两个人在一个屋檐下分居，两个人重新和好之后，我想为我们的婚姻快点打好另一个根基，要一个孩子。但是吉姆感觉他的工作和生活都不稳定，他想等一等。

等一等？20岁的女人能等，我三十多岁了，一路走来，出国、打工、攻博、工作，我都有了，我突然觉得唯有孩子不能等了。

我不能等，还有一个不能和吉姆说的理由。

中国在变化，我也在变化！相比在读书阶段对德国的文化如饥似渴，非常愿意扎在德国人的圈子里。攻读完博士之后，尤其是从事接待中国高级团队的培训工作后，我重新接触到中国人，我了解到了中国这些年的变化。10 年了，我因为向往德国、爱德国、爱吉姆而远离中国，我因为学德文，用德文写博士论文，强迫自己只读德文书，尽管读得很慢，慢到有时也提不起兴趣，但是我远离了中文。如今，我发现中国仍然在我的心底深处，中国在这 10 年里已经发生了巨大的变化，我如饥似渴地只想参加有关中德的活动，做宣传中国文化的工作。

在做中德文化交流活动时，我有了一个中国情人，我和吉姆摇摇欲坠的婚姻开始出现危机，而吉姆并不在我身边。

情人意味着什么？恐惧与激情。

吉姆工作的不稳定以及和吉姆的分居，让我感到恐惧。我有了一个情人，我心里更加恐惧。我害怕女人在这些不稳定中一切都鸡飞蛋打，一辈子错过孩子。没有孩子的一生对女人来说是不完整的一生，我受到的是这样的教育，而现在这种教育起作用了，我也持有这样的观念。女人到了这样的年龄，这样的状态，生理也发生了变化，我害怕自己老去，强烈地渴望孩子，希望用孩子和吉姆建立终生的联系，甚至和德国建立永恒的联系，但是其实我又都想不清楚，也并不坚定。于是，我的生活追求和准则都转眼间发生了变化，我忘记了一切，我要的婚姻，婚姻后的共同生活，彼此了解，然后再要孩子，这些我都抛到脑后。

1998 年 9 月 25 日，星期五，德国总理大选的前两天，社会民主党的最后一场选举集会在柏林举行。这个晚上改变了我的一生。

我和我的中国情人云，也就是后来我儿子的父亲，置身其中，我们是集会上仅有的中国人。云有着动人的嗓音，他是学录音出生的穷学生，当时他兼任德国之声、法国之声对中国广播的记者。

我是第一次置身在这种媒体、竞选、政治的环境中。好几个德国和世界的电视台都在准备现场直播，摄影师、灯光师不断地旋转机器调试位置，特别是主持人，好几个走来走去酝酿情绪，一位女主持人握着话筒的手在发抖。支持者们特别激动。未来的总理施罗德先生走上了演讲台，我完全被激情淹没了。

人一生的命运就是要自立、搏击。施罗德先生年轻时的经历不是也很艰难吗？他念完中学，大学没上就工作了，后来通过补习才进入大学深造，现在他通过自己的奋斗都要当总理了。和吉姆的婚姻一定是我想要的吗？自从有了吉姆，我做起了舒适的太太，不再进行孤独的奋斗。而在经济危机的时候，吉姆自身难保了，他不再愿意我成为他的负担，他和我签订了财产协定，不再顾及我起码的自尊，他让我在德国做个秘书，根本就不把我这位中国名校的高才生当回事，他觉得和我生个孩子还会是眯缝眼。吉姆跟我去中国，玩得像个孩子，但是，他挤公共汽车把不住车门掉下去了，摔了个大趔趄，他不理解中国的拥挤，觉得中国没有秩序。中国南方没有暖气他感冒了，整天流鼻涕，他不理解中国的贫穷。他批评北京的灰色建筑像兵营，害怕我今后回中国，更害怕我带着他的孩子回中国……我忽然拥有了无穷的力量，我不想等吉姆要孩子了，我决定和吉姆离婚，和云生一个百分百的中国孩子，从零做起，靠自己独立奋斗。

这一夜我没有回家，而且决定永远不再回那个家，1998 年总理选举的那一晚改变了我的命运。

我在激情中、压力下为自己的行为和决定找借口，我觉得最终和一个中国人生活并要一个孩子是对的，从零开始共同奋斗，想留在德国或者想回中国都能步调一致，进退自由。

两天后，1998 年 9 月 27 日，施罗德先生在德国第 14 届联邦议院选举中击败科尔，当选为德国总理。

4 年后，德国第 15 届联邦议院选举。施罗德政府面临困境，基民党和基民党当时的总理候选人施托依伯先生的呼声很高。

2002 年 9 月 21 日，星期六我从中国回到柏林，家中书桌上放着 9 月 22 日举行的德国第 15 届联邦议院选举的公民投票，我的时差还没有倒过来，看那些德语的选举说明实在有些费劲，我不打算参加选举了。星期天，我约好了去朋友立新和贝恩德家，贝恩德开车来接我。路上，贝恩德问我投票了没有，我说没有。贝恩德开玩笑地用投票宣传语鼓励我："您的一票就将决定谁当总理。"我看着表，说来不及了，现在离投票截止时间还差 10 分钟，贝恩德立即掉转了车头："梅，我送你回去取选举票，你家旁边拐角的小学就是一个投票点。"17 点 58 分，我投下了在德国第一次也是唯一一次的选举票。当晚，在立新和贝恩德家里，我们喝着啤酒，紧张地看着唱票结果，基民党和基民党当时的总理候选人施托依伯先生一路微弱领先，电视屏幕上两党党部都在准备庆祝，胜利有胜利的庆祝，失败了也有失败的庆祝，反正都是庆祝。而坐在电视机前的选举人因为自己真情地投出了一票，看到自己投票的党票数落后了，真的没有心思庆祝，连口中的啤酒都觉得分外苦。当唱票接近尾声时，历史发生了转折，社会民主党和绿党组成的德国红绿联盟以微弱多数胜出了。刚刚还情绪低落的立新、贝恩德和我激动地将手中的啤酒一饮而尽，好爽啊，贝恩德和我碰杯时大声欢呼："梅，你的一票决定了谁当总理。"

我的一票决定了谁当总理吗？那我的命运又是由什么决定的呢？这将成为我终生难以回答的问题。

我们离婚了

处在失业压力下的吉姆终日神经兮兮，他最担心他的财产，担心我也许会成为他永久的负担。在我们开始分居的时候，吉姆要求我到律师公证处和他公证财产协议。根据德国法律，丈夫和妻子离婚，妻子如果没有工作，丈夫必须视情况而定继续支付前妻生活费。夫妻双方如果婚前没有财产协议，必须从法律上界定哪些财产是妻子应得的。我不是不懂这些符合逻辑的法律，但是我自有我的原则，对于我来说，吉姆提出分居，提出签订财产协议，这些都痛及灵魂，动摇了平等的婚姻基础。我来到德国，只梦想过爱情，没有梦想过金钱。因为有爱情，我梦想过有朝一日通过自己的奋斗用双倍的成功、双倍的金钱来使这份爱情圆满。现在壮志未酬，婚姻却要破裂了，我既伤心又恐惧。也许，正是这种压抑和恐惧导致了几年之后癌症的爆发，但是当时我全然不知，我咬着牙全部放弃，同意一旦和吉姆离婚，不要他的分文财产，分文不要他抚养。我毫不迟疑地在吉姆的律师起草的财产协议上签了字。

这个财产公证协议，我除了知道内容是要我放弃财产，文字我一个字也记不清楚。

走出公证处，我既心痛又轻松，想着到德国时我也是一无所有。如今，我和吉姆的那些存款单毫无关系了，那些存款单上都写着，如果吉姆去世，我是第一继承人，但我一点都不想当那个第一继承人，因为这竟然是和吉姆的死联系在一起。

我在一夜之间怀上了一个孩子，一个中国人的孩子，这个孩子不是一个事故，而是我的决定，不管这个决定是对是错。我是个敢于做决定的女人，而且为自己的决定承担责任，付出代价。

决定要孩子，就决定了别无选择地要和吉姆离婚。本来离婚双方都可以请律师，其目的当然是双方通过自己的律师维护各自的权益，如财产分配、抚养费等。由于我除了吉姆愿意给我的，我什么也不要，所以我连律师也不请了，任由吉姆的律师处理。多年以后，我的一位女友不厌其烦地向我讲述她的离婚故事，她从事高雅艺术，喜欢自己的工作，但遗憾的是收入不高。她的丈夫，准确地说是前夫曾经做过房地产推销，推销得不错，他们家也就有了两套房，但是她高雅的情调渐渐和做房地产推销的丈夫不合拍了。尽管丈夫最后也放弃了房地产推销，考上了研究生，但是丈夫又成了没有收入的穷研究生，她有了一位更高雅的情人，和丈夫协议离婚了，她郑重地说，房产是一人一半分的，而她颇为同情丈夫，知道丈夫还有一些现金，就不提和丈夫分了。我很为女友叙述时优雅从容的风度吃惊，女友自己有了情人，房子是前夫当年推销房地产时收入高买的，现在前夫读研究生没有收入，对这些，女友似乎毫不自责。但是，我知道，从法律上讲，女友是无辜的、有道理的，尽管她有了情人，尽管是她要和丈夫离婚，但是他们婚姻中的财产还是共同的。至于我一贯的法则，我和吉姆离婚，却不和吉姆分财产，那其实是另一回事了。

我决定离开吉姆独自往前走，其实倒不如说命运让我选了另一条路往前走。人大凡回头看看自己的某些决定，做过的某些事情，会明白那些决定未必能称为自己的决定，其实更多的是命运的使然。

离开吉姆时，我到德国整整10年，除了肚子里的孩子，我几乎一无所有。

下部

向死而爱

第七章

走出癌症

1999年7月23日，儿子出生。

2000年，新千年开始。

这一年，我像一条不知疲倦的龙，舞动了一年。到年底，人生中我第一次为自己和儿子挣下了一小桶金。没想到，命运同时却砸下了另一份账单，一份我不得不终生为之买单的账单：直肠癌晚期、淋巴转移、肝脏上布满小肿瘤。

2000年圣诞夜，整栋医院大楼只剩下刚做完手术不能回家的我和对面病房一位濒临死亡的老太太，我躺在死一般寂静的医院。

圣诞节清晨，老太太的先生过来告诉我：他的太太在圣诞夜随上帝走了。

恐惧向我袭来，我能够走出这间病房回家吗？我能够走出癌症吗？

坚强的韦伯太太

2000年圣诞节清晨，我身上插满各种输液管，缓慢艰难地环视病房。我多少次梦想过白色圣诞节啊！白色病房，白色病床，窗外绿色的塔松上挂满一层一层白色的雪，整个楼道也是白色的，现在就只剩下我一个病人了。我的身体静极了，心静极了，连自己是否呼吸也意识不到了。如果不是突然病了，36岁的我36年来从来不会这么静，我一直都在激情地活着，又一直都被动，其实生命就是因为被动而想改变被动，所以才会激情地寻求改变，这被称为奋斗。我36年来的奋斗还算颇有成效，令人羡慕。从上小学开始，我学习成绩全校第一，但是由于父母出身不好，我戴不上红小兵袖章，跟父母哭鼻子，觉得自己窝囊被动，这种被动促使我继续奋斗。中学学习继续全校第一，高考上了北京的著名大学，我很激动，但那个年月父母已经受够了批斗，怕我学文科今后弄笔杆子也挨斗，就让我学理科，我考上了著名大学但学不了自己想学的专业，又被动。持续的被动促使我持续地奋斗，考研究生终于学了自己喜欢的专业。研究生毕业后我又出国留学了，但是出了国我发现自己失去了骄傲，几乎成了二等公民，又被动了，被动了还得继续奋斗，于是我以最优的成绩拿到了德国的博士学位。但是在德国找不到工作仍然还是被动，有了和德国白马王子的浪漫爱情我感动又激动，在爱情与婚姻的关系中我发现自己的家庭贫穷，我又被动了。

在被动中必须奋斗，而且我还有激情安分不下来，这是命运让我和德国丈夫离婚的一个原因。我只身来德国求学，在德国没有一个亲人，后来嫁给了吉姆，有了吉姆和吉姆一家人。然而，我后来又和吉姆离婚了，法律上我在德国又孤身一人了。

我的病房是两个人一间的，和 76 岁的韦伯太太共用。圣诞节前，韦伯太太被儿女们接回家了。圣诞节过去了，我的室友韦伯太太又回到了病房。

手术后，我被推进单间重病室里观察了 3 天，情况稳定了，被安排到两个人一间的普通病房。被推进门时，我和韦伯太太互致问候，一两天后我们熟悉起来，开始聊天。韦伯太太有白里透红的皮肤、银白色的头发、圆脸圆眼睛，很和气。没想到老太太的生活经历成了我和她每天聊天的话题。圣诞节前，每天都有朋友来看我，没人来看韦伯太太，我问韦伯太太有没有孩子。她笑起来，掰着手指数给我听："我有两个儿子，一个女儿，大儿子 56 岁了。我的 3 个孩子都结婚早，孙子、孙女也有几个结婚早，如今我有 8 个孙子、孙女，9 个重孙子、重孙女。"

"他们为什么不来看您？"我纳闷地问。

"平时他们要上班，周末我的儿子、女儿会来看我的。"韦伯太太一脸的平和与知足。

"孙子、重孙子不来吗？"我开始想象韦伯太太那儿孙绕膝的幸福样子。可韦伯太太连连摆手："孙子们就不让他们来了，太多了，他们有他们的生活。"

"您的丈夫呢？"我犹豫了很久，还是忍不住问道，因为我怕 76 岁的韦伯太太的丈夫可能已经过世了，提起来她会伤心。

"我 10 年前离婚了，现在一个人生活。"韦伯太太毫不迟疑地回答我，并继续说，"我那离婚的丈夫，他后来发生了一起车祸，如今生活在养老院里。"我一下子愣住了。过了一会儿，我忍不住好奇和不解，又鼓起勇气问：“韦伯太太，您有这么多的孩子、孙子和重孙子、重孙女，多好啊，在中国叫四世同堂，是天大的福气，为什么要离婚呢？”

韦伯太太毫不避讳，她给我讲开了：“我这离婚的丈夫并不是我孩子们的父亲，我 20 岁就生了第一个孩子，接着又来了第二个、第三个孩子，可是孩子的父亲离开了，他离开时最小的孩子才一岁半。”

“为什么呢？”我追问道。

“不知道，也许他突然对家庭生活没兴趣了吧，人年轻的时候做过的事，到老的时候回想起来，自己都说不清为什么。”韦伯太太继续说，“那时我们都年轻，我的男人一走了之，但是我不能走啊，3 个围着妈妈要饭吃的孩子怎么办？我一个人带着 3 个孩子，找个男人都难，哪个男人愿意帮你带孩子啊。过了 10 年，孩子们大些了，才遇到后来这个丈夫结了婚，他也是离婚的，有自己的孩子，不过他的孩子都跟他的前妻一起生活。”

“为什么你们又离婚了呢？ 10 年前您都六十多岁了。”我还是很不理解。韦伯太太一脸平和地继续说：“我这个后来的丈夫呢，他工作时我们的家庭还好，他主外我主内，生活有条有理的，男人六十多岁退了休，变得反而有点怪，他在家里待着反而不知道每天干什么好。那时我在外面也有兼职工作了，我每天忙完工作忙家务，活儿满满的，他帮不上忙，反而时常不满意。我们就分开了，离了婚我没后悔过，一个人生活我觉得挺好。”

我听完韦伯太太的故事无语了，心里很沉重，感到悲凉、无奈与恐惧。年轻的时候我是为浪漫的爱情而生的，现在人到中年有了孩子，我依然在梦想一个稳定充实的家。人生将是怎样的？年轻时身体相互愉悦的男人和女人，他们相互需要的到底是什么？年老了，他们会淡漠地分开吗？分开也需要条件，在德国是有这种条件的，老年夫妇分开的前提是至少每个人还有自己独立的住处。中国有种境界“执子之手，与子偕老”，年轻的时候以为，彼此承诺把手交给对方的那一刻，相爱的双方必须相伴到老，却不知人生的道路上还有多少变迁。外界变化，对方变化，我自己也在变化。我想要接受这种变化，具有接受这种变化的力量和勇气。如今，我有了孩子，孩子还很小，而父母却在渐渐老去，我的生命有了更多的责任和意义。爱，却不再为无谓的爱而消沉，不再为爱而过多地失去自我，不管是否做得到，必须这样去努力，我对自己说。

躺在医院病床上的我还在想：

人性中有没有随着年龄而重新回归自我的一面呢？在奥地利维也纳美泉宫里我曾经呆立在有关弗兰茨·约瑟夫一世和他的皇后茜茜公主的生平展览厅中，其中一段内容和场面我记忆很深。那是展览快结束时，有一个小房间放置了弗兰茨·约瑟夫一世老年时睡觉的一张单人床。文字表述是，弗兰茨·约瑟夫一世喜欢年轻时的军旅生涯，喜欢军旅中的单人床，晚年他很想念那种军旅的单身生活。

每一个人是不是都是作为一个个体降生到这个世界，经历年轻时身体与精神的渴望与异性结合，到了老年，身体的渴望减少了，社会关系的连接、精神的结合就变得更为重要呢？如果没有这两者，每个人又回到了自己的本原。我们在成长的年月里，受到了过多夫妻白头到老的教育，记忆中印下了过多的夫妻白头到老欣赏夕阳的照片，其实，个体强烈回归自身本原的人性与问题，是否就被社会或者教育隐藏了？

韦伯太太一点也不隐藏她的人生，她随遇而安，活在当下，的确是个坚强独立的人。她一下子被开了两刀，首先是膝盖，在膝盖开刀做身体检查时幸运地及时发现了她肠子的问题，接着她的肠子又被开了一刀。76岁的老人被连开了两刀。我进病房时，她已扶着助行车自己走路了，每天笑眯眯的，看不出她的情绪有任何起伏，从她乐观的态度、爽朗的言谈我更看不出她是在德国社会里极其贫苦的人。话是从讲到她离了婚的丈夫退休开始的，我问她是不是尽管离了婚，也分享她丈夫的退休金，韦伯太太没直接回答我的问题，而是告诉我："我有我自己的退休金啊。年轻时带孩子没法工作，但后来孩子长大了，我就去工作了，当然我的退休金不多，660 马克一个月。”（德国那个时候还是使用马克，当时一马克约合 5 元人民币）

“六百多马克一个月怎么生活啊？”我脱口而出。韦伯太太说：“办法总是有的，政府有补贴，比如我租的房子是一室一厅的，每月租金 580 马克，政府补贴我 330 马克，250 马克从我的退休金里抽掉，我每月还可以拿到 400 马克用于生活，这就够了啊，而且政府每年还发两次买衣服的钱。春季 300 多马克，秋季 400 马克左右，够了，还要什么呢！”

原来韦伯太太是个知足常乐的人。

在德国，400 马克一个月真是刚够吃饭。极新鲜的、贵一点的菜是买不起的，更不用说下馆子、旅游了。在病房的小桌子上，韦伯太太有个矿泉水瓶子，护士送饭送水时总是和蔼地要为韦伯太太换一瓶新的，韦伯太太总是马上说：“我不要，谢谢，麻烦您给我接一瓶自来水，我喝惯了自来水。”偶尔，她还是会笑眯眯地对护士说：“现在麻烦您给我拿一瓶矿泉水。”不过，韦伯太太的医疗是有保障的，德国的医疗保险只有私人保险和国家保险的待遇有区别，而大部分人是加入国家医疗保险的，国家医疗保险是收入低的人交钱少、挣钱多的人交钱多，但享受的医疗待遇是完全一样的。保险公司为每个病人付给医院的钱是一样的，这就保证了医院对所有的病人一视同仁，医院根本就不关心哪个病人穷哪个病人富有，每个病人从入院到出院和医院没有任何金钱上的直接接触。德国的医院病人由医生、护士 24 小时值班护理，连陪房家属也不需要。住院部是个非常安静的地方，家属、朋友只能在规定的时间探视。周末，韦伯太太的儿子媳妇、女儿女婿都来看她了，我发现说话最多、最兴致勃勃的还是韦伯太太。

和韦伯太太这样普通的、坚强的人相比，我觉得自己没有埋怨命运的权利。

吉姆，我的前夫，他第一次来看我时，我还在重症监护室里，他冰凉的泪水把我从昏迷中唤醒，模糊中我只看到一束鲜花在摇晃。当吉姆再次捧着一束花来看我时，我能坐起来了。能坐起来，我就一定要读书，吉姆的大衣口袋里果真为我带来了一本书：犹太人马塞尔·赖希－拉尼茨基写的《我的一生》。我完全沉浸到书里，与犹太人在德国纳粹集中营里的悲惨命运、与他们的生死抗争同悲同泣，护士多次惊讶地走过来问："梅女士，再给您加一些止痛药好吗？您不需要强忍，按医生的规定，您的止痛药剂量还剩下很多。"我摇头谢过护士，我并没有强忍，而是沉浸在书中，完全忘记了手术伤口的疼痛。

犹太人能走出集中营，我难道不能走出医院，走出癌症吗？——我嘴里没说，心里这么认定。心里认定的，就一定要去做。

专心、静心养病，当我这样下定了决心，伤口就恢复得很快。2000年12月30日，大手术后第12天，连伤口的线都没有全部拆完，在我的请求下，医生同意我出院了。我没能在家过圣诞节，更渴望在家过新年，我要回家。12月31日，时任全德留学服务中心主任的姜大源老师打来电话，他是极少几个知道我生病的人之一，他关切地问："你出院了吗？能自己走动了吗？我们非常希望你来大使馆参加新年音乐会，如果能来，我到大门口接你。"感激之情涌上心头，我稍微化了化妆，叫了一辆出租车到了大使馆。众多的熟人中，只有个别人发现了："梅，你的脸色不大好，你瘦了很多。"在整场音乐会中，我必须时不时抚摸我的伤口，我的精神却异常好，那是手术后我第一次在硬椅子上足足坐了两个多小时。

2001年1月1日，我重新坐到我的电脑椅子上，新的一年开始了，我要以工作开始。

从我走进医院做癌症大手术到出院，仅仅用了12天。当我出院时，我的伤口部分拆了线，还有一部分要过些天才能拆。2000年，新千年岁末，我出院了。医院里没有钟声，外面有钟声，全世界都在敲响钟声，是新千年的钟声。吉姆以为我会死，可是我没有死。

人因为一脚踏进了死亡的门槛，所以更明白要怎么活着。我不想死，我想听着 2000 年最后的钟声，开启一段新的生命征程。

虽然，癌症大手术后，我的身体终生致残了。

带着伤痛重返工作

2001 年 1 月 1 日，我重新坐到计算机前工作，伤口还在疼痛，我拿一个柔软的枕头抚着伤口。其实我的心情很激动。

人民美术出版社在全国举办了“翔云杯”儿童绘画作品比赛，从两万多幅参赛作品中挑选出了 100 幅优秀作品，想要将它们带到柏林来展览，我为他们联系了柏林艺术大学——世界上最高、最著名的艺术殿堂之一。孩子们的作品将在柏林艺术大学展出。届时，十多位学生和十多位教师组成的代表团将参加开幕式，只有一个月的时间了，他们即将到达。

将 100 幅作品的名称翻译成德语；

将 100 幅作品的作者姓名、年龄、性别，用中德两种文字做成标签；

将 100 幅作品的小作者的学校名称翻译成德语，让参观者知道他们来自中国的二十多个省份，五十多个民族。

一幅幅欣赏着孩子们率真、大胆又技艺高超的画，就像看一幅幅祖国的山山水水，昔日民俗、今日风貌，我忘记了自己的病痛，时时沉浸在感动与欣喜的泪水中。

2 月初，代表团三十多位成员一起到达了柏林。

在代表团到达柏林的当天，我在接待代表团的忙碌中，还抽空赶往柏林的卡迪威商店为孩子们买了礼物。

当时卡迪威是欧洲最大的百货店，6层楼，商品应有尽有。从一层的化妆品、首饰，一直往上有男女时装、图书、光盘、电器、餐具、家具及厨房用具。顶楼的美食廊不错，坐在棕榈丛下，繁华的市容尽收眼底，不远处即是“断头教堂”——“二战”中毁于盟军战火，反而产生了一种残缺的美和震撼力——历史与现实交织，仿佛就从杯底的咖啡中流过……

卡迪威有一个角落，我敢打赌没有多少人像我这样钟情于它、爱恋它、利用它，而且十多年后卡迪威重新装修布局时这个角落真的不存在了。当年，3层图书区有一小片卖旧邮票的地方，那里有相当多的邮票是按重量来卖的，50克、100克、200克、500克，有各种分类：德国的、东欧的、西欧的、亚洲的、非洲的、拉丁美洲的，昆虫的、人物的、“二战”前的，“二战”后的等，每一张邮票都有一个故事，每一张邮票都有一段历史，每一张邮票都是一个特色的构图，最重要的是，每一盒邮票里都会有几十甚至几百张邮票，只需要花几个到几十个马克，也就是几十到几百元人民币，我喜欢去给孩子们挑邮票。包装盒不让打开，我只能从主题和盒子的透明塑料膜窗口中看到部分邮票，我抚摸着一盒盒邮票，把盒子晃来晃去，以便里面更多的邮票在透明塑料膜窗口中轮流呈现出来，那一张张邮票图案变成了代表团的孩子们争抢邮票的笑脸，我仿佛听到了孩子们惊讶和欢快的笑声。

下午，在柏林艺术大学美术教育系的大楼里，中国儿童画展开幕，尽管我化了一点妆，依然脸色蜡黄，这是我后来从照片上看到的。柏林艺术大学的天才音乐少年们为画展开幕表演了音乐节目。

一岁半的儿子坦坦站在我的身边，我谢绝了椅子，坚持和所有人一起站着，站在音乐里，那是我手术后第一次一动不动地站立了一个多小时。

柏林电影节与化疗、放疗

代表团离开柏林的那一天，我开始做化疗。

化疗不痛不痒，但是它让人的白细胞急剧减少，让我全身乏力。我每在计算机前工作一个来小时，都必须乖乖地躺到床上去歇息一会儿。这时我明白了医生为什么不同意我手术后马上做化疗。手术后，我心里充满恐惧，我平时不大关心生理医学知识，成天想着浪漫与爱情，如今突然病倒了，而且是晚期癌症，我觉得自己身体里都是癌细胞，我害怕全身某个部位某个角落可能还潜伏着哪怕一个癌细胞，这个癌细胞会随时向我卷土重来。为了断绝癌细胞扩散的哪怕一点可能，我向医生提出想马上做化疗，医生笑着安慰我："梅女士，癌细胞并不那么可怕，我们每个人身上可能都潜伏着癌细胞，重要的是要增强免疫力，身体随时都在新陈代谢，不给癌细胞生存发展的机会。现在您刚做完手术，身体还很虚弱，您要积聚力量，恢复身体，这样才能承受化疗可能带来的不适。"

"那我能工作吗？"尽管担心癌症复发，我仍然念念不忘我的工作。

"适度工作能让您忘记病痛，保持心情舒畅更是最好的医药。"

医生的话让我放心了，我一直在工作，心里有时仍然害怕，工作疲劳的时候我还是会注意休息一下。

我渴望工作，喜欢我的工作，我还必须工作，因为我不工作就没有收人。我拿的是德国护照，但我即使病了也不愿领社会救济。我无法像一些德国人那样理所当然、心安理得地领社会救济，我认为我来自中国，我能在德国留下来，首先要对这个国家、这个社会有所贡献。

还有，突然病倒让我有了一种挫折感与失败感，我要工作，在工作中切实感受到生命的存在。

当然，工作也不是我生命的全部，我还爱着很多东西。在我化疗的过程中，2001 年 2 月，第 50 届柏林国际电影节举行了，我不想错过。

医生说了，保持心情舒畅是最好的医药。

我是柏林电影节的“粉丝”，到什么程度？电影节每年 2 月初举行，2000 年 2 月，当时 1999 年 7 月底出生的儿子只有半岁，儿子 4 个月时开始长湿疹，每天夜里睡觉前全身更是痒得不行，小手到处乱抓，折腾得好可怜，我只能给他戴上手套。等他筋疲力尽睡着了，我观察到，夜里 11 点到凌晨 3 点他一般不醒。于是我就去看夜里 11 点半的电影，把儿子一人扔在床上，我奔了出去。这样的作案有两次，看完电影后我深一脚浅一脚地往家跑，怕儿子醒了，更怕警察已经横在家门口。（德国将 10 岁以下的孩子独自扔在家里算犯法）

谢天谢地，儿子真争气，妈妈不在的几个小时里他睡得还挺踏实。

第 50 届柏林电影节，是过大生日，是第一次由德国总统亲自剪彩。2001 年 2 月，我大手术后不到两个月，黄着脸黑着眼圈捂着伤口，我还是坐到了电影院里。不太熟的人像往常一样见面点个头。熟悉我的朋友知道我大病了一场，就默默坐到我身边。

中晚期癌症的根治，手术是关键的第一步，预后化疗与放疗，杜绝癌细胞扩散，是同样重要的第二步。做化疗的时候，我听从了医生的建议，不是躺在医院挂瓶子做传统的静脉输液，而是在胸前开了一刀，一枚现代的医学注射泵被放置进去，连接血管。每个化疗疗程，一个药瓶我每天 24 小时系在腰上，通过管子和针头注入我全身，持续一周，休息 3 周，然后进入下一个化疗疗程。对于医生来说，他们为我使用了先进的化疗仪器和方法，对于我来说，这省去了我去医院的时间。在做化疗的那一周中，我挂着输液瓶照常办了一些事情。周末的时候，我甚至还带着儿子和父母一家人利用周末乘火车旅游，我做这些，除了因为亲情，仿佛也想以此证明生命的存在。

工作是我走出癌症的一个力量

2001年，刚刚动完手术的那个春天，我反而更亢奋地投入到了生活和工作中，同时接受化疗与放疗。我共完成了6个疗程的化疗，其间，常常有朋友来看我，和他们的见面和交谈能让我忘记病魔，感受到生活的美好。

化疗进行到一半的时候，我开始同时接受放疗，春天快过完了，我也完成了12次放疗。至此，癌症手术后必做的化疗与放疗都结束了，我全都比较轻松地挺过来了，很少出现常人所说的掉头发、严重的恶心、呕吐等现象，我感到庆幸。

医生告诉我，像我这样很好地完成了一切治疗，治愈率应该达到80%。我乐观地相信，自己不应该是那不幸的20%，医生还说，癌症就是一个肿瘤，切掉了，治好了，不复发了，就能重新做回健康人。我太想重做一个健康人了。

2001年4月29日，星期日，璧青从瑞士来了，她是个在台湾出生的优秀的大提琴家，我们喝着咖啡享受着美好的下午，谈着音乐。突然，我的肚子开始疼痛起来，而且很快越来越痛，最后我不得不提前和璧青分手回家。一到家，我爬到床上，蜷缩成一团，痛得全身冒汗，父母一筹莫展，只能催着让我上医院。我不愿意去，父母又不会德语，连医院的电话也不会打。正好前夫吉姆来了，他二话没说，叫了出租车，把我送到医院。

医院里安静极了，因为是周末，又连着五一放假，许多医生和病人都走了，我痛得从床上滚到床下，从床下又被医生扶到床上，女值班医生左手一个针管，右手一个针管，左右开弓给我注射止痛和镇静剂，但就是不能断定病因。我在昏迷中躺了两天两夜，医生终于查出我是肠梗阻，这是放疗有时产生的并发症。医生反复耐心地说服我开刀："梅女士，这一次和您做癌症手术不一样，您的肿瘤切除了，没有任何复发迹象，肠梗阻只要把扭曲出问题的肠部重新理顺，就不会有大问题，如果时间长了，肠破裂，细菌扩散，麻烦就大了。"德国医生还把丑话也说在前头："凡是做过肠梗阻手术的人，他今后再得肠梗阻的概率就提高了。"半昏迷中，我自己签了字同意做手术，正在休假的主刀医生接到医院通知也赶回来了，但是手术前查病房的医生说我的病情没有继续恶化，医生们小声讨论着通过洗肠，也许我的肠子还能自行通畅，我苏醒过来了，迷迷糊糊中听到了这一线希望，我是多么不情愿再被开一大刀，我不想一辈子都担心自己的肠子会打结。我拒绝上手术台，主刀医生几乎有点懊恼地又回家了。但是到了第三天，我的肠子还是没有通畅，我自己又一次在手术单上签了字。

半年之内，我第三次被罩上白色手术单送进了手术室。第一次是癌症切除大手术，第二次是放置化疗注射泵，第三次是解除肠梗阻大手术。

无论哪一次被全身罩上白床单推进手术室，全身麻醉后我都别无选择，但是我一次又一次地重新苏醒了，命运之神一次又一次把生命之手伸给了我。

半年之内三次手术。在第三次手术后，我感觉身体的元气明显地弱了很多。手术后刚开始的几天非常艰难，医生每天数次为我翻身、擦洗，每一次翻身都疼痛无比，但是一想到每一滴止痛药都会对大脑有影响，而我热爱的工作就是动脑、创意，我想保护我的大脑，我就尽量忍受疼痛，所用的止痛药只有限量的一半。医生时不时过来问我："梅女士，不必太坚持，医生给您的药量还有很多。"

其实，坚持的力量从来只有部分来自我的忍耐，更多的是来自我精神的渴望。

手术前，我早订好了做完化疗和放疗5月初回国的机票，我太想念中国了，而7月份上海华侨艺术学校和上海爱乐手风琴乐团就要来柏林演出了，我为他们安排了在英国花园进行演出。上海爱乐手风琴乐团还要和柏林欧芬尼亚手风琴乐团的儿童乐队进行交流，并同台演出。这些都是令我激动的事情。

我躺在病床上，不断地向自己的助手讲着英国花园演出的美丽画面，连停下来喝口水也不干。突然，我休克晕厥过去了。几秒，也许几十秒，那是我唯一的一次感觉自己99.9%丧失了意识，但我还有0.1%的意识让我记住了这次休克。那是由于我病体虚弱又唇干舌燥，我突然无法呼吸了，眼前一片黑暗，我只来得及招手请助手给我一点水，喝了水我就清醒了，又继续说下去。

原定5月初的机票被推迟了，2001年6月初，第一次大手术过了不到半年，第三次手术过了不到一个月，我登上了德国汉莎航空回中国的飞机，领登机牌时我小声说自己不久前动了大手术。上了飞机，我发现飞机舱里基本是满的，但我身边的两个位子却是空的，我怀着感激之情仔细看了一下四周，我这一排是经济舱里唯一一排，中间四个座位却只安排了两个人坐。我以为飞行的过程中伤口会很痛，但是因为时不时可以将腿伸到旁边座位，以及心中的感恩使得我的飞行很顺利。下了飞机，我顾不上休息，稍稍化了一下妆，就从机场直接去见了上海华侨艺术学校的校长。

2000年德国举办世界博览会期间，北京汇文中学合唱团来了，除了安排他们在世界博览会的舞台上演出，短时间内我不知在柏林还能为学生们做什么安排。很偶然地，我和英国花园爵士与世界音乐节的组织者联系上了，仓促之中我没法再给合唱团安排大的舞台。当同学们步入英国花园时，他们首先被英国花园的美丽吸引了，觉得他们美丽的歌声就是该到这么美丽的地方来演唱。同学们有的就站在台阶上，听众里三层外三层，演出完毕之后，很多女学生眼睛里含着泪花，我问她们为什么哭，也并没有唱悲伤的歌曲啊。女同学们回答我说："激动得哭了，感动得哭了，因为我们演唱舒伯特的歌曲《鳟鱼》，站在身后的德国听众居然跟着唱二声部，如果是唱主旋律也就罢了。德国人的音乐修养太高了，他们为我们鼓掌太热烈了，我们在中国演出还从来没有获得过这么热烈的掌声，这样的经历一辈子也忘不了。"

同学们回答我的时候，很多女孩又高兴地笑了，而我听了同学们的回答却流泪了，也许做这一切就是为了多给孩子们、也多给我自己这样一些一辈子都忘不了的经历，我充满激情，虽非常艰难但也一直停不下做这样的活动。

2001 年 7 月，上海华侨艺术学校和上海爱乐手风琴乐团按照计划到达柏林。

两个团队将在美丽的英国花园的世界音乐节上演出。演出的当天上午，我还为他们联系到了在柏林多元文化电台做半个小时直播的节目。当我带着大家来到柏林多元文化电台，孩子们、家长们都是第一次进入这么专业的演播厅。在演出的过程中，我和主持人一起，穿插介绍了一些中国的地理、民族、乐器知识，并再次播送了下午在英国花园演出的消息。临别时，电台编导托马斯先生送给每个学生一支圆珠笔做纪念，并将当时就录制好的磁带交给了校长。

爱着生命，爱着工作，爱着艺术，这是我走出癌症的另一个力量。

第八章

吉姆和坦坦

曾经梦想我会和吉姆生个具有天生优势的孩子……

我有了孩子，但这个孩子却不是吉姆的。患晚期癌症后，我永远不能再生孩子了。

但吉姆对我的孩子却像是对自己亲生的一样，而且吉姆也变得特别想要一个孩子了。

我想回中国了，吉姆却希望我留在德国。

吉姆的孩子梦

我病后不能再生孩子了。

我想回中国。

这两点决定了我怎么对待吉姆。

吉姆曾经单独写了一份协议，我记住了这是一份分居协议，并在上面签了字。这份协议的具体条款，我记不住一个具体的单词。德语不是我的母语，我在25岁的时候怀着极大的热情开始学习，后来我用德语写博士论文，其文笔让我会8门外语的教授公公激动得大声朗诵，夸我比德国人写得还好，但是对于烦琐的德语公文，我一读就头疼。有一天，我看到了吉姆摆在大餐桌上，字写得密密麻麻的分居协议。这个大餐桌是我看了无数家家具店碰上的整木面的展览降价品，这个餐桌虽然用了20年了，桌面依然光滑，仍然放在我家的客厅里。那上面曾经每天放着我精心烹饪的各种菜肴，当时却放着吉姆背着我写好的条款繁杂的分居协议，我一看就头疼了，心里害怕了。我感到无助和恐惧，我又傲气又不服气，我咬着牙读都不读就签字了。

吉姆和我分居了，最终他未必和我离婚。但是我签了分居协议，命运就让我往前走了。

最后，我主动要和吉姆离婚的刻不容缓的原因是我有了别人的孩子，一个中国人的孩子，这个孩子不是一个事故，而是我的决定。不管这个决定是对是错，因为对错没法判定，我都是个敢于做决定的女人，而且为自己的决定承担责任，付出代价。

决定要孩子，就决定了别无选择地和吉姆离婚。

命运让我生一个百分之百的中国孩子，吉姆得知这个消息的时候，砰砰地摔了好多盘子和碗。我害怕伤害肚子里那个小生命，为了尽量避免和吉姆发生冲突，我马上搬出了和吉姆共同的家。

这个家，是用吉姆的工资来支付的房租、购买的家具，但是我为之付出了我所有的向往、我的热情、我的能干。岁月流逝，我后来又拥有了比这个家更大、装修上更精致更豪华一些的家，虽然我爱家，很多事情还是亲力亲为，但是自己登梯子刷墙，开着大货车横穿陌生的城市取家具之类的活儿我没有再干过。

我是多么舍不得搬出那个家啊。

我尽管搬出了和吉姆共同的家，但是有些事还必须和吉姆商量。一天晚上我给吉姆打电话，电话里吉姆像从前一样又叫：梅、梅、妹、梅妹。一如既往，7 年来熟悉的声音，亲密无间、不设防、信任无比。我又怜又痛又害怕，问吉姆你还好吗？吉姆说当然不好，接着电话筒里就传来嘤嘤的哭泣，也是我熟悉的哭声，只是出乎我的意料。因为在我的意识里，吉姆既然和我订分居和财产协议，那就是拿定主意早晚要和我离婚的了，我和吉姆吵过架，但是从来不提分手，因为我觉得嫁给吉姆了，就不离了，但是吉姆在我刚完成学业，还没有任何职业前景，最茫然无措的时候，单独写分居协议了。当我咬着牙、怀着恐惧在分居协议上签字的时候，我的潜意识里可能也已经为这段婚姻画上了句号，或者说是命运为这段婚姻画上了句号，因为我是多么无奈。吉姆在电话里哭着说：“梅，你为什么要这样做，我爱了你 7 年，等了你 7 年，宽容了你 7 年，培养了你 7 年，我看着你一天天进步，一天天成熟，慢慢能独立了，取得了成功，我这所有的努力都要接近目标了，我们分居后又和好了，我们会有孩子，有一个完美的家，就因为我到外地工作了。前一段时间我感觉我们的关系还不够稳定，你还不完全成熟，我说要孩子还需要等一等，你竟然立刻就要了另一个男人的孩子，你就这样要永远地离我而去。你打破了我的生活，我现在一无所有，对生活和工作都完全失去了信心。而你呢，你不会找到另一个人像我这样了解你、宽容你了，我会对你绝对忠诚，给你稳定的生活……”

吉姆在电话里不停地哭着说，我在电话的这一边欲哭无泪地听，我体会得到，他最终要彻底失去我的时候感到的痛，而且吉姆的一句话也击中了我，命运是否会应验吉姆说的话，我不会再找到像吉姆那样爱我和宽容我的人了。

吉姆又说：“我不要看见你的肚子，不要看见你的孩子，不要看见你的那个男人，永远不要。你明白吗，你应该明白，我看见了他们，就会想到自己是一个失败的人，你明白吗，是我付出，别人却收获。”

我说：“吉姆，你会找到另一个更好的女子，这么多年来你一直说我不成熟，不理智，你从来不管家，从来不和我一起看家具，我买了家具你说是浪费，我做博士学位你指责我不挣钱，我挣了钱你马上提出我该出房租，我感兴趣的文化事业你认为不实在，我说要孩子，你说我生的孩子会是一条线小眼睛，你害怕我带你的孩子回中国，我为了爱情留在德国你却认为我是为居留才嫁给你……”吉姆否认：“家我没时间管，我要挣钱，可你买的东西我总说好，家里从来挂满的都是你的画，你不挣钱我担心你不独立，你有收入了我要你交房租是想考验你是不是真爱我……”

一切的一切都是一个怪圈，一切的一切都已成事实。

我感觉到了肚子里的孩子，只有沉默。

自从吉姆在电话里把他的痛苦和愤怒都说了出来之后，他平和了一些，偶尔打个电话，主要内容是谈及他请律师办离婚的杂事，本来离婚双方都可以请律师，其目的当然是双方通过自己的律师维护各自的权益，如财产分配、抚养费等。由于我除吉姆愿意给我的，我什么也不要，所以我连律师也不请了，任由吉姆的律师处理。我一贯推崇高于法律的自然情感法则，虽然我和吉姆离婚了，却不和吉姆分财产。有一天，吉姆又打来电话，他说他不想和我离婚，电话里吉姆哽咽了："梅，梅，我现在不一定要离婚，我现在突然彻底明白了，你不是为了居留才嫁给我，你对我们家的财产也从来没有兴趣，我不想和你离婚，正像我母亲说的，你给了我一个从来没有过的温馨的家，正像我母亲说的，我再也不可能找到你这么好的妻子了。"吉姆这么一说，我心里开始翻江倒海，为什么？为什么？为什么吉姆现在才说这些话，我曾经在心里发过誓，准备用我的一生来使吉姆挺拔，让我永远仰望。我曾经在心里发过誓，要做"好房子"家族的好媳妇，要让对我好的婆婆为我骄傲，我在努力，在这个不是我母语的国家，我要付出双倍的努力，我就要接近成功了。

一切都晚了。我再也忍不住，大哭起来："这些现在都不重要，说这些现在都没有用。没有选择了，我的孩子就要出生了，他是个中国孩子，我们有一天都会回中国……"

中国，塑造了一个我自己并不完全认识的自我，我就是中国湖南出生的湘妹子，吃着辣椒长大，跟着父亲在湘江里学游泳只许逆流而上，不许顺流而下，父亲"自强"二字的家训刻进了我的骨子里，后来我又到了北京上大学，充满理想，还没有学会在现实中迂回婉转。多年以后，夜深人静的时候，我仍然对吉姆充满爱意和歉意，我无法给自己一个解释，无法给人性一个解释。当我没有工作的时候，我看到吉姆写的分居协议，我的恐惧要比后来大无穷倍，我是咬着牙哆嗦着签字的。尽管吉姆可能察觉不到，我也挣扎着不让吉姆察觉到我的恐惧和哆嗦，但是我不可能忘记这种无助的感觉。后来我找到工作了，我的收入不低了，独立女性的思想和感觉都回来了，我变得坚强了，我行我素了。我想，我有能力开始新生活了，即使新的爱情不成功，我扬言自己也能独立养活儿子，我将成为不折不扣的自由女性。自由，我向我身边的女性朋友们朗诵著名的诗篇，并宣布自己崭新的诠释：生命诚可贵，爱情价更高。若为自由故，二者皆可抛。“自由，为了自由，生命和爱情都无所谓”，我脸上笑着，心里硬撑着。我的女性朋友们附和我：梅，你是对的。夫妻两个人带孩子，那吵的架、耗费的精力比一个人带孩子还多得多，我们羡慕你能自由。完了，我连退路也没有了。其实，我在朗诵这首诗时，我的灵魂、身体的最深处依然无法摆脱那么一丝丝软弱、无助、孤独。

那段时间，所有我在德国受到过的憋屈占了上风，命运在让我用我自己挣钱、用自己的成功来洗刷自尊曾受到过的伤害，吉姆对我曾经的好和爱没能阻止我们的分离。

儿子出生前两个多月，我和吉姆听从律师的安排去了法院。我们是相约在路上见的面，我挺着个大肚子，见到吉姆的那一刻，我并没有幸福和骄傲的感觉，只有不自在，吉姆也不自在，还带着少许的恨恨感。但是路过一个红绿灯时，他轻轻地扶住了我的腰，护住了我肚子里的孩子，那是一个生命，可那不是他的孩子，而是别人的孩子。那一瞬间我的不自在变成了羞愧，我想起吉姆曾经为了我这个中国女孩偶尔闯红灯气得嗷嗷地叫：“红灯、红灯，那是红灯，你看见了吗？你不能做母亲，以后你会带着我的孩子闯红灯，那会被撞死的。”如今，吉姆像往常一样习惯性地轻轻揽住了我的腰，护住了我肚子里的孩子，更小心。而我即将做母亲了，责任心增强，我不会再闯红灯了。

我出门前和回到家里都在和孩子的父亲吵架，就像无数个这样突然发生的关系，激情的关系，短暂的关系，当事人付出了努力，也想要维持这段关系，然而关系却很难维系。孩子还没有出世，我并不幸福，我自食其果，但我什么也不会对吉姆说。

我木然地按照法官的要求在该签字的地方签完了字。

拿着离婚判决书，我失声痛哭。

吉姆和我在共同生活时曾经谈到过婚姻的出轨。吉姆说，婚姻意味着很多共同的东西，多年共同的生活，共同的家，共同的财产，出轨和艳遇也许只是一个短暂的事件，夫妻双方也许可以共同走过和面对。我听了，记住了，从来也没有忘记。但是在现实生活中，我没有能够和吉姆共同走过，因为我的出轨也是真情。如果是调情和艳遇也许就会好处理得多，尽管我知道吉姆睡过几打的女人，尽管我知道吉姆在与我分居的时候也有过女朋友，但是我因为我的出轨依然对吉姆怀有极大的内疚，这也致使我采取了另一个极端手段，怀上一个孩子，让自己没有退路，然后再来解决我和吉姆的关系。但是即使我怀上了别人的孩子，盛怒之后，发现要永远失去我的吉姆仍然说过，他不急于和我离婚，但是我已经决定自食其果了，我以我的方式对孩子负责，对孩子的父亲负责，对自己的行为负责，而全然不顾自己是否能够承受，也没有考虑孩子的父亲是否能对我负责，对孩子负责。多年以后，我和云共同的一位朋友在背后传言，说云最初和我发生了关系的时候，他得意地宣称，他搞了德国人的老婆，而黄梅居然那么傻，抛弃了一切。这个传言对我而言真是打脸，男人和女人对于一段激情的体验和解读都不尽相同，人生只能在付出代价中成长。很多年之后，我经常劝导我那些有孩子又在婚姻中不断争吵的女性朋友，我觉得自己的例子很经典：一个女人关于一场恋爱的决定可能只影响其几个月，一个女人关于一次婚姻的决定可能也只影响其几年，实在不合适可以离，但是一个女人关于要一个孩子的决定将影响其一生。生孩子必须慎之又慎。

说完了以上的话我还时常补充道：女人和哪个男人要一个孩子实在比嫁一次男人还重要。反过来男人也一样啊，男人也不能傻瓜似的随便和女人生个孩子，那麻烦就大了。世界上的男人，生了孩子不管孩子的有，生了孩子就被女人套牢，从此变成傻子的也大有人在。或许因为自己不是当事人，或许一切对于我来说都已时过境迁，我总是沉着地讲得头头是道。但是，当自己是当事人时，命运的轨迹就错综复杂得多。

我的儿子坦坦出生了，吉姆表示祝贺，带着一束花来了：“给，恭喜，你成为母亲了。”

曾经因为我而变得很会挑花的吉姆，重新买花，为成为母亲的我祝福；重新买花，为癌症手术后的我祈祷。

吉姆和坦坦

在德国，结婚和离婚都是成年男女自己的决定，是好是坏，别人无权过多干涉，也不会过多参与。可是女人做了母亲，你会受到所有熟悉和不熟悉的人的衷心祝福，他们夸赞你延续了生命，他们鼓励你承担起责任，他们祝福你享受和孩子一起再度成长的快乐。当你抱着孩子、推着孩子走在路上，你会时不时碰到陌生而友好的祝福的目光，并得到意想不到的细微帮助。我做妈妈了，即使生活有不如意的一面，我也忘我地做着母亲，享受着做母亲的快乐。坦坦不到一岁，他的父亲离开了。当我手里拿着癌症诊断书时，近在身边的只有吉姆，吉姆着急，说出来的又是我听起来刺耳的话："梅，你要住院了，我要上班，坦坦怎么办？只能把他送到孤儿院了。"吉姆开始帮我查询收养孤儿的地方，我万箭穿心："吉姆，你不要帮我啦，我不要你帮我，我的孩子不去孤儿院，他的父亲死了吗？"

每次提到儿子，我心里总是不能平静。是啊，和吉姆一起生活了六年多，梦想过和他生个漂亮的孩子，如今我有一个儿子，但不是他的。为了自己对生命的承诺，为了儿子，也为了儿子的父亲，我流着泪和吉姆离婚了，失去了在德国唯一的依靠。癌症手术后，在那个不是我故乡的大都市里，只有这个不是我儿子父亲的、离了婚的前夫吉姆守在我身旁。

出院后，吉姆常常来看我，常常带花来，坦坦和他很亲，看到他就叫：

“吉姆，吉姆。”吉姆第一句话总是德语：“你好吗，年轻的小伙子？”第二句话常常变成中文：“这给妈妈，妈妈喜欢花。”吉姆进了屋，坦坦就缠着他。坦坦最喜欢骑到他肩上，那样变得比吉姆还高。吉姆会玩些小魔术，常把坦坦看得一愣一愣的。比如，坦坦顺着吉姆的手指，看到他的中指一下子断了，坦坦就尖叫着笑着满屋子找吉姆断了的手指，而这时吉姆从外边寻根小草，将小草夹在手指缝中间，对着嘴吹起了口哨，坦坦又回到吉姆身边要他手中的小草，坦坦也想吹出旋律，但是吹不出。吉姆说，那么小伙子，我们只能在钢琴上学弹旋律。这是我的愿望，离开吉姆后，我搬进了一所大公寓，第一件事是买了一架钢琴，和吉姆的一样。我听不到吉姆的琴声了，让儿子坦坦学弹钢琴仿佛是天经地义。坦坦在我肚子里时，我就天天为坦坦弹歌曲了，我只能弹简单的歌曲，更多的不会。坦坦跟吉姆学弹琴，弹完了又玩游戏，但是吉姆难得留下来吃饭，他毕竟还要工作。不过，吉姆留下来吃过的几顿饭，次次都和坦坦弄一两个小时，菜吃凉了又热，热了又吃，还边讲故事边玩，最后我只能生气地埋怨吉姆惯坏了坦坦，让坦坦养成了吃饭拖拉的坏习惯，吉姆却不介意地嘿嘿笑，不反驳我也不改正，他只跟坦坦讲话：“好吧，我的小伙子，我们快快吃完饭再玩，妈妈生气了会影响她的身体，不好。”看着吉姆对坦坦的耐心和娇惯，我叹息命运的悖论：当年吉姆和我讨论孩子，我夸吉姆脾气好，吉姆和他姐姐、妹妹的孩子玩得特别好，是个好舅舅。但是吉姆总是扬言如果是自己的孩子就会烦死他，别指望他和孩子玩多少，吉姆的那些言论总是在我想要孩子的兴头上时，给我浇冷水。如今坦坦不是他的孩子，他却比我对坦坦还有耐心。

坦坦 3 岁时，吉姆开始教他弹钢琴，最开始是德国儿童歌曲《游泳的小鸭子》和《我骑在马背上》等。

菠格尔特

吉姆和我不再是夫妻了，由于我患了癌症，我们的关系重又变得紧密起来。不设防、信任无比的传统在吉姆和我之间保留了下来，这包括吉姆来看我时，时不时向我谈起他生活中的女人，一会儿在酒吧间认识了一个，一会儿在迪斯科舞会上认识了一个，而关于每一个女人的话题一般只会出现一两次就完了。2002 年秋天，吉姆第一次有了一个固定的女朋友菠格尔特。他告诉我，菠格尔特还很年轻，是个学医的学生，成绩很优秀，快毕业了，已经在柏林最好的一家医院实习，我不记得吉姆是否介绍过菠格尔特的特点和爱好了，只记得有一次吉姆对我说："菠格尔特不像你，以自我为中心，她很谦虚，也很爱我。我们去看电影，她是学生，很节省，嫌电影院的饮料、爆米花都很贵，不在电影院里买，可是她却特意从超市买两瓶啤酒带上，知道我爱喝。"吉姆跟我说这些的时候，就像唠家常，声音不带任何色彩，只有中文能让吉姆的声音出现不同的音高和色彩，吉姆说他的德语，说什么都是一个调，这边我听得眼泪涌了出来，完全没有介意吉姆说我以自我为中心，我的声调因为着急而变高："吉姆，你这个傻瓜，你还等什么，这么好的女孩，你赶快娶她啊，错过这一站就没有下一站了。"吉姆却嘟囔道："菠格尔特渴望我爱她，还渴望我不停地说爱她，可是我告诉她，我不知道什么是爱，我不会说我爱任何人。如果她太爱我，我就让她离开我，因为我会伤害她。”“这是怎么啦，你以前不是也对我说爱你、爱梅、爱梅、爱我，一天好几遍吗？”这话到嘴边，我感到不对劲，咽了回去，心里却对不相识的菠格尔特有了好感。

从那之后不久，一天早上刷牙时我吐出一点血丝，自从我患癌症后，我变得见血色变。我心里害怕立即打电话告诉吉姆，吉姆说他和菠格尔特有约会，要我自己去医院，我说我不去。20分钟后，门铃响了，吉姆冲了进来：“走，立即上医院。”我被他拉上出租车去了医院，检查了半天，没事。走出医院，我问起吉姆和菠格尔特的约会，吉姆说：“我告诉菠格尔特了，她是医生，她理解，是她要我来陪你的。”

我对素不相识的菠格尔特的好感又多了一些。

后来我在家办派对，请了很多人，也特意邀请吉姆带菠格尔特来，两个人来了，我想和菠格尔特单独聊上几句，可是没有机会。因为客人一波接一波，每波都各扎到一间屋里，菠格尔特后来一直扎在厨房那一波，抽烟的，我就没法进去了。

我想对菠格尔特说什么呢？其实可能根本无从说起，也根本无法和菠格尔特说什么，只是我对菠格尔特有好感，凭我从吉姆那里听到的和我如今见到的和感受到的，我从心里喜欢这类德国女人，她们自立，不矫揉造作，我看到菠格尔特瘦瘦高高的个子，很年轻，但是一点也不卖弄自己的年轻。菠格尔特一支接一支地抽着烟，我又觉得没法和这一类德国女人轻易沟通，因为她们的独立至少从表面上看拒绝别人的帮助和同情，她们一点都不知道取悦德国男人，或者把德国男人抓在手里，但是她们内心深处毫无疑问也需要男人的宠爱。我还有一位女性朋友琳达，是位出色的乐队指挥，她在指挥台上风情万种，调动千军万马，但是她一走下台，乐队团员们说，我们的女老板琳达的双眼会放射出拒人于千里之外的光芒。琳达和我面对面一起吃饭，问：“梅，你看我的双眼是放出那样的光芒吗？德国男人往往和这类德国女人失之交臂，他们最终会转向别的国家轻柔娇媚的女人……”

其实我就是想让菠格尔特变成一个德国的我，让吉姆赶快娶她，他们会生儿育女，他们会生活得很好，吉姆不会认为菠格尔特是为了居留要嫁给他，菠格尔特不会因此而伤心。

但是菠格尔特不是我，我不是菠格尔特。

吉姆后来和菠格尔特分手了，吉姆对我说：“菠格尔特说我一定是有别的女人了，不爱她，女人真是不可思议，我并没有别的女人。她让我不要再去找她，心里却等着我再去找她，我找过她。但是这种游戏，重复玩就没劲了。结束了，她休想让我再去找她。”我听了吉姆的倾诉，知道吉姆又和过去一样，陷入了和女人关系的怪圈里，我隐约听吉姆说过，他在我之前和其他女友的关系，最后总是不了了之，女人伤心而去。但是吉姆并不水性杨花，也不是存心伤害女人的男人，只是他不是一个占有型的男人，不主导关系，吉姆娶了我，曾经对我宠爱有加，如果不是因为经济危机，不是因为他自己都要面临失业，吉姆曾经也很为我攻读了博士学位而自豪，很为我出版了专业著作而骄傲，尽管我攻读的是在德国被称为“失业专业”的艺术博士，尽管我出版的专著几乎没有稿费。在我面前，吉姆从来没有过自己不是博士而妻子是博士的自卑，他真心地爱着妻子，这让我很放松。反过来倒是我要克服自己还存在的那么一点老观念，因为在中国，我曾经认为我的丈夫学历要比我高，至少要和我一样高。在经历了和我的婚姻之后，吉姆可能更不愿意主动进入婚姻了，感觉到这一点，我就感觉惭愧。又过了一段时间，吉姆告诉我：“菠格尔特在我电话上留言，她得了癌症，是脑癌。”“天哪，她这么年轻。吉姆，你快去看她。”我失声大喊。吉姆却说：“不去，她不需要我，现在她和我已经没有关系。”我感觉到吉姆的话虽然无情，但是语调格外低沉。我开始一遍又一遍地求他：“吉姆，你应该去，你必须去，她需要你，不然不会给你留言。”吉姆去看菠格尔特了，不时给我传来菠格尔特病情有所好转的消息，后来菠格尔特的病情有了明显好转。吉姆告诉我，他要离开柏林，到德国南部去工作了，我心里害怕的是：从这以后，我很难听到菠格尔特的消息了。

吉姆必然又是出于工作的无奈去南部的，他应该是留恋柏林的，吉姆把柏林的公寓保留了一年，周末和假日时常回柏林。到南部去工作的吉姆有些变化，他很少谈交女朋友，更不谈婚姻了，吉姆倒是更多地直接谈想要孩子了。一次他回到柏林时，带了一打照片儿，不无得意又不无尴尬地扔给我："看看吧，不少女人对我有兴趣，这个女人更是迷上我了，还疯疯癫癫跑到柏林来看我。"

我也不无尴尬地看着那些照片，都是一个个高挑的女人，有的女人看上去内在空洞，外表却很暴露，使我直觉地联想到妓女，但是我的理智谴责自己：我怎么能仅凭照片给人下定义呢？也许我的观念还带着偏见。但是我对照片上的女人没有任何想要了解的兴趣，反而又联想到不幸的菠格尔特。为了吉姆，我还是干着嗓子问："这个女人是干什么的啊？"吉姆回答："她在实习，做心理医生的助理，可是我看她自己就需要心理医生，不然怎么神经兮兮和我约会了几次，就说离不开我，还追我到柏林来。我现在顾不了那么多了，哪个女人我都不爱，可是谁要是帮我生个孩子，我可以支付足够的抚养费。"

我记不清我第一次在德国公司打工的时候老板长什么样了，但他是很精干爽朗的那种人，所以他也爽朗地和我谈婚姻合同和子女抚养合同，我对他的话记得很清楚。他曾认真地告诉我，德国的法律规定，结婚后夫妻双方任何一方的收入都是共同财产，但是双方各自从各自家庭的继承财产另算，也可以通过双方签订协议来约定。他和他的妻子都想要孩子，妻子要孩子是觉得，女人再不生孩子，晚了就要不了了，而他认为有个小布丁在家里也挺热闹，怎么也跟着他的姓。但是孩子只要一个，他尤其重视孩子的抚养，因为挣钱的主要是他。在要孩子之前，他理性地计算过为培养一个孩子将要付出的经济代价。当孩子还小时，为了孩子的成长，他们决定妻子不工作，但是他和妻子也签订了合同，万一离婚，妻子不能以抚养孩子为名，永远不工作。妻子在孩子6岁上学以后必须兼职工作，妻子在孩子11岁之后必须重新全职工作。要不然，他认为自己做丈夫和父亲的压力就太大了，一个孩子会花很多钱的。

当我患了癌症时，医生告诉我，化疗并不影响生育，但是由于做了晚期癌症直肠彻底切除手术，怀孕还是有相当的困难和危险的。我内心深处的念头还是想再要一个孩子，为了孩子我不是不怕死，而是有克服一切困难的勇气。而当做放疗的医生告诉我，放疗之后不能再生孩子时，那真是我人生中又一重大打击，我想让儿子坦坦有个兄弟姐妹的愿望破灭了。那种做女人的失意和痛苦是无法用金钱来衡量的。

人类生儿育女，除了传宗接代，延续生命，还有没有更高的追求和意义？我反思过自己，我活着，想生儿育女，最深的根源是因为我爱着生命。有时候我会想，如果我是生命的悲观主义者，连我自己都觉得活着没有意思，我一定不愿再生儿育女。而我对生命的乐观，在我还不自觉的时候已经塑造成型，那是我的父母给予的，我那辛苦了一辈子的父母，给了我快乐的人生观。

一阵难受和晕眩袭来，吉姆现在开始这么轻率地谈论生孩子了。想当年，这曾经是我们之间多么严肃的话题，吉姆对我做母亲的要求多么高。而面对现实我又无可奈何，说不出任何话来劝慰吉姆。那天下午，吉姆和坦坦在动物园公园里踢足球，他们两个玩得那个起劲、那个疯笑！吉姆肯定压根忘记了他说过的和哪个女人要孩子的那些话。有好几次，吉姆对着坦坦喊道："去把妈妈叫过来一起玩。"我一个人远远地坐在草地上看书，脑子里不断出现一个画面：吉姆和一个女人生了个孩子，那个女人走了，吉姆也根本管不了孩子。我就带着我的儿子和吉姆的孩子，但是我和吉姆不亲了，我只和吉姆的孩子亲，吉姆只和坦坦亲。

博登湖

我在德国开车，从来没上过高速公路，但我却从法兰克福独自开车五百多公里到达了德国的最南部，去看望住在博登湖边的吉姆。博登湖、黑森林是德国自然美景的标志。吉姆住的地方离湖边只要走 5 分钟，太美了。那周边的别墅全是有钱人盖的，每一栋的建筑设计都不同，我马上被迷住了，让吉姆打听哪些房子可以出租、哪儿是旅馆，我马上想着带中国人来度假。吉姆高兴地嘲讽我："你就是太勤奋，脑子里都是生意经。"我一点也不介意："那是因为这儿太美了，我要设计博登湖自行车游，带中国的大老总来休闲，收他们很多钱，带朋友们来就一分钱也不多收，我自己也一起玩，美的地方要和朋友一起享受，否则还是孤独。"

吉姆兴致勃勃地带我沿着博登湖穿街走巷，他的母亲、姐姐妹妹都来看过他，但是肯定没有像我这样对他的住地热情洋溢地夸赞。吉姆唠叨的是妈妈来看过他，嫌他的房间乱，住到宾馆里去了。吉姆边向我唠叨，边耍无赖："我妈妈还不如用她住宾馆的钱为我请清洁工，将我的房间好好打扫一下。100 平方米，我自己一周请 2 个小时的清洁工，当然就这个干净水平，嘿嘿。"我惊奇地看着吉姆，吉姆告诉过我，他从小一直到中学毕业，每天清晨都是妈妈将他当天该穿的衣服整整齐齐地放在床头柜上，他衣来伸手饭来张口，妈妈会为他做一切，但是吉姆还是批评道："我妈妈不懂怎样教育孩子，学校放假前，她从不征求孩子们的意见，就帮孩子们报名参加各种活动，滑雪、登山等，她强迫4个孩子都学钢琴，我爱学，可是我妹妹就讨厌弹钢琴，让她学钢琴就像让她吃药，还白白浪费许多药钱。”我反驳过吉姆：“你不能这么不知感激，那都是你妈妈的爱心，况且你姐姐、妹妹、弟弟的钢琴弹得也不错。4个孩子都有音乐修养是你妈妈的功劳。”吉姆当然理解不了我在想什么，我是多么渴望小时候也被妈妈强迫着学过弹钢琴啊。吉姆继续抱怨他妈妈，并且很得意：“从我6岁开始，我妈妈就年年把我送去滑雪，到我16岁时，我就能靠教小孩子滑雪挣钱了，我妈妈连我滑雪的费用都不用出了，嘿嘿。”吉姆说这话时，我就想起我们一起在阿尔卑斯山滑雪，滑到黑色坡陡路段时，吉姆嫌我滑得慢，急得大叫：“趴到我背上，趴到我背上。”我闭上眼睛，感觉把生命交给了他，心里既高兴又害怕，吉姆背着我滑，却兴奋地大叫：“来劲啊，冲啊。”如今，我最大的愿望就是让吉姆教儿子坦坦滑雪，可是儿子坦坦已经宣布：“吉姆会单板滑吗？我要学就学滑单板，最酷。”嘿，儿子更牛了。

走着说着，吉姆不断挥舞着长胳膊做手势，突然我皱眉道：“吉姆，你怎么还穿着我帮你买的滑雪服，都10年了啊。”“有什么不好吗？你买的衣服质量很好啊，只是胳膊这儿被我磨了个小洞，被我送去服装店补上了，花了20欧元。”吉姆继续挥动他的长胳膊，我心里很温暖，就对吉姆说：“别穿了，我送你一件新的吧。”后来，我没有为吉姆选到新的滑雪服，倒是看中了一件羊毛运动外套，买了。寄给吉姆的当天，我给他发了封邮件，匆忙中用的是公务的邮件抬头和落款：某某国际交流会主席。结果立即收到吉姆的回复：“这里是国际滑雪俱乐部总裁，吉姆……”邮件里，吉姆开始嘲讽我是工作狂，给私人朋友发邮件当公务对待。是啊，只有吉姆会这样随意无情地笑话我居然用公务落款给他写邮件，不给私人友谊以足够的尊重。我的内心也很抱歉对朋友不够用心，不只对吉姆一个人，我忙得公私难分，但是也有点无可奈何，毕竟又工作又做单亲母亲，还要注意身体别太累，以免有一天癌症又突然袭击，我实在是没有时间了。过了一阵，又收到吉姆的邮件："喂，梅，嗨，梅，谢谢你送的毛衣，它已经成了我最喜欢、最常穿的一件。"我回邮件嘱咐："这不是德国的名牌滑雪服，毛衣是中国买的，花20欧元补洞不值得，快穿出洞就告诉我，我给你买新的。"

那天下午，天上下了一场薄薄的雪，我和吉姆兴致勃勃地开车欣赏周边的葡萄山，以及山上的古堡。看到博登湖及湖上慢慢行驶的船，我们也将车开上轮渡，坐船去博登湖另一边的康斯坦茨城。轮渡靠岸后，吉姆和我继续开车直入康斯坦茨城，伸入博登湖中的一个半岛。岛上万籁俱寂，我们看过教堂又到湖边和群鸟说话，最后到达半岛的尽头，等待行人的是码头和船，为游人安排的则是宾馆、餐馆和咖啡馆。吉姆和我惬意地坐到咖啡馆里望着湖面，享受着咖啡和蛋糕，一切都美极了、静极了，让人忘了人间还有任何的忧愁，吉姆端着咖啡没头没脑地打开了话匣子：

"我在和一个女的通信。"

"什么样的女的？"我愣愣地问。

"开会时认识的，然后就开始通信。她和她丈夫分居了，但是还没有离婚，成天给我写邮件，说要来看我，说了两个月了，还没有来，我也不知道是否希望她来。"

"她成天给你写邮件，写些什么呢？她分居了还没有离婚，你真的想和她有所牵扯？"我好奇那个女人怎么有那么多可写的。

"她分居都5年了，婚姻名存实亡。"

"分居5年都没有离婚，那你就更别往里掺和了。"

"嗯，她是有问题。36岁了，已经结过两次婚，但是还没有孩子，她也说自己心理有问题，写信也不断地在向我诉说她的问题，而且又要失业了。"

"你不会和这样的女人要个孩子吧？她还没有离婚，你说她心理也有问题，她还要失业了，再怀上一个你的孩子……”

在异国他乡待久了，周边万物再美，也只可能有百分之九十九抵达你的内心，还有百分之一是你抹不去的孤独和乡愁。吉姆坐在我的对面，本来，他抹去了我那百分之一的乡愁，那一天的那一刻是百分百的美。但是吉姆这样说起孩子的话题，我突然开始变得烦躁，想和吉姆离开那个孤岛，结束不愉快的话题，回到城市中心去。

康斯坦茨城里一片欢腾，原来正赶上狂欢节游行。这时天近傍晚，游行散了，天空又飘起了小雨加雪，大街小巷无论是化了妆、穿着游行服，或是没化妆、穿着普通服装的人们都急切地为他们的夜晚找中意的去处。从路边人们就能感受到各家店内的不同特色，有的人声喧哗，有的音乐震天。吉姆和我饶有兴致地领略着这些快乐，我的兴致来了，我是那种，领略够外面的快乐最后还是感觉自家最温馨的女人，我宣布晚上不在外边吃饭，无论多晚，我要自己做。我已经很久没有自己做饭了，我对吉姆说：“晚饭我全权负责，管买也管做。”跑到超市，我们大大采购一通，因为开着车，我想着那些比较重的日常用品也尽量为吉姆捎上一些。

做晚饭时，我不让吉姆帮忙，吉姆就闲闲地倚在门边看我做饭，一如我们新婚时的一些傍晚，吉姆下班回家，如果我正在厨房里忙着，他就会拿一瓶啤酒靠在厨房门上和我讲公司里开心与不开心的事。吃饭的时候，我看到吉姆用的餐具还是我们订婚时婆婆送的湖蓝色的丹麦瓷器。结婚的时候，吉姆和我订了一套德国托马斯牌的瓷器，纯白色的。离婚的时候，吉姆把多件数的托马斯牌餐具留给了我，他拿走了那套湖蓝色的。晚饭后，吉姆弹了一会儿钢琴，我已没有唱歌的情绪了。入睡的时候，我看到吉姆为我准备的卧具还是我们共同生活时我买的那些。第二天一大早，我突然宣布马上要走，吉姆傻傻地问：“你就不能多待几天，开车来五百多公里，回去还有五百多公里。”吉姆哪里知道，他越木讷我就越有种想快快逃走的感觉。

暑假到了，我没有从吉姆那里听到哪个女人怀上了他的孩子的消息，倒是吉姆让我带坦坦去他那里玩。我声明：“我可没有精力坐10个小时的火车去听一些无聊的生孩子的话题。”吉姆在电话里保证：“坦坦来了，我和他玩，就不需要生孩子的话题了。”到博登湖了，坦坦别提有多高兴。吉姆马上安排我们3个人骑自行车游博登湖，他带着坦坦这个小兵，屋里屋外开始忙乎。他首先从车棚里搬出两辆自行车，拍着车座宣布：“一辆给妈妈，一辆是我的。坦坦的呢？小伙子别担心，邻居家爷爷有两个孙子在美国，每年夏天回德国度假，爷爷就给准备了自行车，这不，他们刚回美国，我已经把自行车给你借来了。”坦坦欢呼起来：“我们3个人都有自行车啦。”吉姆带着坦坦给每辆车打足气，检查刹车，发给每人一个安全帽。坦坦的车是前面3挡，后面8挡，共11挡，吉姆要教会坦坦怎么掌握好换挡。他们两个人练习去了，我就打开箱子开始收拾行李。

夏日的博登湖有蓝天白云绿水和一望无际的葡萄山，一路上我们3个人边骑边玩。博登湖边葡萄山酿出的美酒享之不尽，都存放在地窖中。我们骑车累了就停下来，我拉着坦坦钻酒窖，告诉坦坦地窖里可以藏猫猫，其实是自己想趁机凉快地歇息一下。沿途，葡萄山的醉人气息迎面而来，我的幻觉飘出千万里，眼前交替出现中国的茶山、梯田，还有意大利的橄榄树山，这些景致既类似又各有千秋。一路上，我们可以见到很多的自行车，车的主人们带着大大的行囊在后面，围着湖一骑就是数天。在博登湖，无论是大人还是孩子都会像坦坦一样梦想有一条帆船，我承诺：“那不难，重要的是你要快快长大，像吉姆一样，拿到帆船驾驶执照，成为一个合格的好帆船手。”博登湖沿途，没有富丽堂皇的宾馆，但是所有的小度假别墅都很温馨，阳光灿烂，你在那儿吃，你在那儿住，你在那儿休闲，一天、两天、半个月，不会有任何一个角落出现垃圾或者年久失修的破败样子让你感觉不舒服。我拍下一栋一栋带花园的度假别墅，吉姆又嘲笑说我脑子里想做生意了，我的确希望有一天会有中国人来这里享受，只是吉姆不理解我，我并不一定自己做生意，只是我的任何创意都会和中国相连。

骑车累了，停下来，更多的时候是吉姆带着坦坦划船、买冰激凌、看路边演出，我就趁机钻进路边小店看衣服。衣服有打折的，有看上去不错的，但是穿到身上很难有一件满意的，费去很多时间。吉姆气得嗷嗷叫："你怎么把我们丢了，把坦坦丢了。"我厚着脸皮道："我把坦坦丢给你了啊，他更喜欢你啊！"

离开了博登湖，告别了吉姆，我问坦坦："今后我们每年来看吉姆一次好吗？""不，每月一次。"坦坦不假思索地回答。不说儿子一个月看一次吉姆的想法像天方夜谭，就是妈妈提出一年看一次吉姆也很难做到。在德国，柏林和博登湖，天南地北，相距上千公里。

坦坦呢？他爱吉姆，从3岁起就会明确地说："妈妈，爸爸对你不好，他总和你吵架。吉姆对你好！"但是坦坦也爱他的爸爸，为了坦坦能扎下中国文化的根，我送坦坦回北京上小学了，不上德国的学校，也不上国际学校，就上家门口最近最普通的学校，因为我自己上中学的时候就放弃了住校的重点中学，而是留在了离家不远的普通中学。我的经验是，父母给予的知识、家庭的温暖更重要。我有理由这辈子不见坦坦的父亲，但是我从不阻止坦坦见他父亲和爱着孙子的奶奶。在中国，坦坦还有外婆、外公众多亲人在身边，但是，坦坦对吉姆也有类似亲人的感情。有时，坦坦会愣头愣脑地冒出一句："妈妈，我想吉姆！"

骑自行车游博登湖的路上，坦坦和吉姆两个人点餐都一模一样，喝大杯可乐，等着吃意大利番茄肉汁面。

博登湖中，吉姆和坦坦打水漂，看谁的能漂得远。两个人跳下水去游，想游到对岸，但还是有点远，天都快黑了，还是老老实实回家吧。

年终电话

吉姆和我分手数年后，由于我得了重病，我们的关系重新又变得紧密起来。我们对自己的剖析和对对方的表白好像比在一起生活时还多。在柏林时，一次和吉姆约着去看电影，吉姆提出一块吃晚饭，我在电话里习惯性地揶揄："吉姆，这是你的话？今天又看电影，又上馆子？好像你还想都请客？"电话那头吉姆很轻松："是啊，我说的，我就是想请你的客啊！"

"是什么让你变得这么大方？"

电话那头的声音有点不好意思，却更诚恳："我变得大方都是受你的影响啊，你还记得在法兰克福吗？你考驾照，我承诺考过没考过都请你吃饭，后来你没考过，情绪低落，我请你上印度饭馆，可是建议你点专给儿童的小份菜，你生气了。我那时多没劲啊，现在我越来越想通了，钱不重要，我不用算计那么多，甚至失业也没那么可怕，而且生活一定会照样过下去。"电话这头我听蒙了，虽然一下子不可能像吉姆那样反省，但是我也不再揶揄："吉姆，是你自己变了，你变得轻松和坚强了，我们晚上好好享受一下，不用你都请客。"

我打电话口无遮拦调皮惯了，放下电话却木然沉思了很久。这段沉思的结果一直拖到那次在博登湖边才表达出来，也不知道我自己怎样开的头：

“吉姆，你知道，我曾经是多么想和你要一个孩子，可是我却做出了另外的事，简直可以说，得癌症就是我该得的报应。”吉姆训斥道：“不要胡说，坦坦多么聪明可爱，你有责任为他健康地活着。再说，你现在已经没有癌症了，你是一个健康的人，癌症早已经没有了。”

我停在孩子的话题上，继续说想说的话：“以前我闯红灯你都认为我做母亲不够成熟，现在你动不动说哪个女人为你生个孩子你就抚养，你提到的那些有问题的女人我很担心。其实我也准备好在等着了，要是哪个女人生了你的孩子，她要是不管孩子了，我来管吧，我就带着坦坦和你的孩子，有两个孩子我会很满足。”吉姆听了我的话，却开始说别的：“都这么多年过去了，也许我注定没有孩子。坦坦多么可爱。你还是帮我找一个中国女孩吧。”我的眼泪不争气地掉了下来。

当年分手时，吉姆大叫：“中国女人，中国女人，永远不要再找中国女人。”那时我多么难过啊，我明明知道自己只不过是几亿中国女性中的一个，根本代表不了中国女人。但是，在那样的时候，我摆脱不了那种感觉，我觉得自己给中国女人丢了脸。我曾经多么想做一个好妻子、好媳妇，其中也包含了为中国女人争气的动机。

如今，过了这么多年，又经历了和不少女人的交往后，吉姆又说想找一个中国女孩。他是否又想起我的那些唬人但色香味俱全的中国菜。他是否又想起我们在柏林的家，整整一层——德国的人工很贵，他又很忙，都是我自己买涂料，挽袖子操家伙上阵，爬上摇摇晃晃的梯子，亲自粉刷，然后挂上我幼稚无比的水墨画，公公婆婆每次来了，总是连声称赞：“吉姆的房子从没有布置得这么好、这样干净过。”是啊，离婚后，他的住房又变得妈妈不愿进门了。吉姆是否又想起，我们每一次度假，无论是去昂贵的北欧，还是远走埃及，或是登阿尔卑斯山最高峰滑雪，都是我设计的最佳路线，买到最便宜的机票，订到最好最实惠的宾馆……俱往矣！我不能和吉姆说曾经沧海难为水，因为我用德语不会说，吉姆也听不明白，但是我的嘴上还是不让人，干脆用大白话说："你休想，我不会帮你介绍中国女孩，你已经伤害过一个中国女孩的心。再说，你不可能再找到一个像我这样好的中国女孩了。"

儿子回中国上学了，我成了北京和柏林、中国和德国之间工作和生活的候鸟，我爱做这只候鸟。我没有再去博登湖看望吉姆了，我知道自己患过癌症之后永远不能再生孩子了，仅仅这一条就决定了我永远不会再主导和吉姆的关系了，我和吉姆用电话和邮件保持联系。几年后，吉姆告诉我他搬到瑞士那边居住了，也在瑞士工作，因为瑞士的收入和生活比德国这边好得多，他也不管工作不工作，他将在瑞士生活下去。有几次，我给吉姆打电话，电话里不断传来一个女人不清晰的声音，就是找不到吉姆，我甚至感觉那女人的背后还有孩子的哭声，我晕了，我还是难受，我问自己这是怎么啦，我不是准备好带吉姆的孩子了吗？难道我的潜意识里其实还是希望吉姆只属于我，希望吉姆没有其他女人没有孩子吗？不，这种潜意识是不对的，我告诉自己。几天之后，我镇静了一些，坚定地再打电话过去，但是这次却是吉姆接的，我说了我之前打的电话，只听见吉姆平静地回答："你搞错了，我现在生活中根本没有女人。"

吉姆住在世界上最美丽最舒适的博登湖畔。自从90年代中期经济危机他的工作出现失业危险开始，吉姆从一名土木建筑工程师转行为企业信息系统和管理咨询师。每次当工作岗位有危险时，他都保持着向不同的相关单位投递30份求职简历的状态。就是说，吉姆投递出去30份求职简历，每收到一份拒绝函，他马上补投另外一家单位。吉姆不断研究应聘时表现自己的技巧和方法。在十几年中，他换了不下十份工作，但是几乎并没有真正失业过，反而有时获得了更有意思和更高薪的工作。德国南部有更多的工作机会，他离开首都柏林去了德国南部。他认为瑞士的企业体制比德国更活跃，他从博登湖的德国一岸搬到了瑞士一岸。时间把吉姆磨炼得坚强了，工作或者不工作，他坚持每天跑步，每年到德国和瑞士的不同城市参加马拉松42公里赛跑，在两个合唱团中唱歌。吉姆旅行、滑雪、远足，吉姆告诉我他总是很健康，他的父母和家人也都很健康，这正是我每次打电话都希望获得的消息。

2011年12月31日，我极少在这个日子回到柏林，但是一到柏林，我感应般地抓起电话拨号，不为这是一年的最后一天，不为庆祝新年，而为这是吉姆的生日，我并没有指望什么，只是拨号了，如果吉姆没有接电话，我会失落。吉姆在电话的另一端，这让我反而更难受了：祝你生日快乐！庆祝新年的时刻，你一个人吗？也没有去父母那里吗？

电话那端是吉姆平静的声音："对，我哪里也没有去，我一个人。"

每次通电话，我都很难受，但是我知道，我不愿意失去吉姆的消息。

离婚十几年后的我，依然不能停止想念吉姆，想我和他的婚姻。想吉姆和我第一次痛苦的争吵。吉姆说，我是为了居留和他结婚的，我伤心了，而且气愤了，就反击，我和吉姆针锋相对，开始打击吉姆，因为我的自尊受到了打击，极大的打击。

可是吉姆为什么说我是为了居留和他结婚呢？吉姆和我很相爱。吉姆不仅对我，而且对中国人都很友好，他还学习中文。不仅吉姆，而且吉姆的父母都是很国际化、很开放的人，他们多次去过中国。吉姆的父亲每年都邀请中国的专家到他的研究所工作。在我和吉姆离婚多年以后，我仍然不由自主地关注吉姆父亲的研究专业，因为吉姆后来也学了土木建筑专业。我远隔万里在中国从电脑上读着中国的专业杂志，祝贺吉姆父亲70岁生日，我的眼前再次浮现出当年公公激动地朗诵我的德语博士论文前言的情景，公公夸我的德语写得比德国人还好，我觉得只有公公会这么夸我，理解我，因为我的德语不可能比德国人好，但是我的中文很好，我写德语依然有我中文的思维和韵律，那一定与德国人不尽相同。

吉姆后来很希望我留在德国，他在与我分居的时候依然帮我拿了德国护照。即使和我离了婚，吉姆依然希望我留在德国，希望我的儿子留在德国，但是我呢？没有了吉姆，即使我有德国护照，在德国有好的工作，甚至在德国拥有了更大的房子，但这些都不能成为我生根落脚的动机。

对于我来说，爱情是我唯一生根落脚的动机，尤其是在年轻的时候。

第九章

患癌母亲写给儿子

在我面临死亡的时候，是什么让我坚韧地生？当然是我年幼的儿子！

时光回到过去，我母亲认为我精神有问题，我愤然离家，遇见托尼，深夜又回到家里。父亲仍然坐在客厅里等着。扫一眼墙上的挂钟，深夜两点半。我与父亲彼此对望，无言。

穿过家里典型的柏林式客厅，走向后面两间自己和儿子的睡房。过道近10米长，贴着一幅幅生肖年历，我想起了本子，想起一年多以前做癌症切除手术时，陪伴我的就是那个本子。我从卧室的小书柜里拿出本子，很快就沉入到过去的场景中了，在本子里我只是儿子坦坦的母亲……

人生不老的内容

亲爱的孩子：

妈妈如今 34 岁了，即将做母亲了，德国医生说，我已经超过德国妇女的平均怀孕年龄了。妈妈 16 岁上北大，20 岁做李泽厚的研究生，青春就像丰满的大腿在紧绷绷的牛仔裤里，包着都往外鼓，可是因为我初恋的男朋友比我小几个月，他希望我不显老不显胖，我就节食减肥，天天照镜子，害怕脸上长出皱纹，青春的生命很受压抑。当我 25 岁来到德国，许多 20 来岁的德国大学生把我当成活泼可爱的东方少女来追求，我才知道自己原来显得如此年轻。从此，我不再照镜子，开始轻松地享受生活，但是妈妈那时 25 岁了，要是在国内已是大学教师，毕竟不再像 20 岁的德国大学生一样无忧无虑了，我有生活的压力、学业和事业的担心，真想再回到十八九岁。德国八九年的生活使我懂得了成熟与内在精神的价值，懂得人生不老的根本是生命的充实。可是，时光流逝，我发现学业有成，浪漫的爱情，或是事业有成，都使我激动不已，但又都不能使我完全充实。如今，小兔子，我惊喜地发现，因为有了你，我感到了生命的再生，我感到若你随着我的皱纹一起成长，那么我的笑容一定是欣慰的，你使我的生命有了永远不老的内容。

亲爱的孩子，妈妈 32 岁获得了德国的博士学位，也还不算晚，很多德国博士生都比妈妈年纪大，何况妈妈是中国人获得德国博士学位，光德语就学了好几年。我 34 岁做母亲，医生说孩子天生出问题的比例是四百五十分之一，妈妈不再祈祷你一定漂亮，但是妈妈天天祈祷你一定健康。

自从过了 30 岁的生日，我突然开始常常盯着别人的孩子看，心里升起一种温馨。前年我博士毕业，开始工作，我突然有了一种紧张感，害怕这出国留学的生活，一晃近 10 年，万一错过了要孩子……你在我执意渴望孩子的那一天进入了我的生命，妈妈想要一个儿子，你就感应般地成了妈妈的儿子。亲爱的孩子，妈妈想告诉你，34 年中我很少强烈明白地想要过什么，但是创造你的时候，我的感觉明确又强烈，那是全身心地投入，希望一次性成功，那种决定要创造和接受一个生命的感觉是无与伦比的，那是血在奔腾，生命中不可模拟、不再重复的境界。

亲爱的孩子，当年你的妈妈出生后，就和你的姨妈、外婆、外公一家四口住在一间 16 平方米的小房子里。如今你要降临了，妈妈一定要给你找一个大房子，让你一出世就有独处的空间，让你有蹦蹦跳跳的大地方。你可以有自己独立睡觉的空间，妈妈现在就梦想我将会时常伴随在摇篮边，看着你甜蜜地入睡，如果你觉得孤单，你有权利大哭大闹，那一定会奏效，妈妈会来哄你、抱你，给你吃的，跟你玩。不过，你也必须从小就明白，过分的要求是达不到的，你不是小皇帝。你房间的布置早就在我的脑子里，那是个妈妈小时候就梦想过但是不曾拥有过的色彩斑斓的世界。

独自出游

亲爱的孩子：

不知你会不会秉承妈妈爱旅游更爱独自出游的天性。独自出游是从不会后悔的生命体验，但需要忍受孤独。陌生的文化、陌生的人、陌生的大自然总是对妈妈有无穷的吸引力，每次出游归来，妈妈都有一种新的感觉。初来德国的时候，妈妈独自走过了德国的许多大城小镇，了解了很多德国的风土人情，一度还想写本德国风情游之类的书。近些年，妈妈已去过欧洲的许多国家，还去过埃及和美国。

有了你以后，妈妈最大的愿望就是在你还未出生之前就带你去看一个陌生的地方。可是生活不大安定，总走不出去。搬了新居之后，妈妈实在熬不住了，眼见怀孕7个月了，再不走就真走不动了，趁你父亲出差，一天妈妈路过一家土耳其旅行社，进去就订好了第二天去伊斯坦布尔的四日游。回到家开门时，旅行社的电话响了："对不起，女士，我忘了您是孕妇，若是怀孕28周以上，坐飞机您需出示医生的许可。"那是个周五的下午，妈妈的私人妇科医生没有门诊时间，无奈之中，妈妈打电话给一个素不相识的医生，她说要先对妈妈进行全面检查，然后看看能否给妈妈出具证明。检查的结果吓了妈妈一跳，首先这位女医生告诉妈妈，妈妈的孕妇证上已记载着一些非常不妙的检查结果，如血色素低等，可这些结果妈妈原来的医生从没告诉妈妈其严重性。当日检查时，妈妈的血色素只有 8.6，正常人应该至少有 11，女医生当即给妈妈注射了一针含铁剂，最后她还是给妈妈开具了旅游许可，嘱咐妈妈开始服用含铁药片。

回到家的当晚，妈妈给几位朋友打电话，其中一位朋友说妈妈已到了白血病的边缘，劝妈妈立即退票，卧床休息。一块乌云落到了头顶，妈妈的心里升起了一股恐惧，身体也感到沉重起来，去不去伊斯坦布尔呢?妈妈犹豫了，尤其肚子里还带着你。但是如果妈妈不去，妈妈简直就有一种在家等死的感觉，而带着你飞出去却会给人以生命的希望。

第二天，妈妈照常上路了，孕妇坐飞机，起飞降落的时候最令人担心，平时妈妈都有点头晕耳鸣。可是和你一起坐飞机，起飞降落时，妈妈专心地抚摸着你这个小生命，全力保护着你不受惊吓，你竟也乖乖地一动不动，一定是在全神贯注地体验。奇妙的是，这次妈妈丝毫没有感到头晕耳鸣。

在伊斯坦布尔的几天，妈妈被伊斯兰文化所震撼，那么多的清真寺，真是欧洲的基督教堂所不及的。妈妈还带你乘普通轮渡过海从伊斯坦布尔的欧洲大陆部分到达了亚洲人陆部分，又坐小公共汽车深入到一个陌生的小镇，看看那儿的土耳其人怎样生活。一路上，妈妈不断地摸着肚子给你讲这讲那，笑着接受土耳其人频繁的问候，津津有味地吃着土耳其的各式甜点，把什么白血病之类的话抛到了九霄云外。

回程的飞机上，妈妈反复念叨着：伊斯坦布尔，伊斯坦布尔。想着你还没有名字，妈妈就念叨，伊斯，伊斯，发音时牙齿咬得太紧；布尔，布尔，好像找不到意义；斯坦，斯坦，还是找不到感觉。在飞机安全着陆的那一瞬间，妈妈突然有了灵感：用思想的思。思坦，取思想开放坦然之意，是不是一个好名字呢?

后来，妈妈向一个土耳其朋友讨教，“Stan”在土耳其语中的意思是“王”。德文或英文“Stan”也是一个简洁的名字。亲爱的孩子，妈妈选用思想的“思”，是希望你勤于思考，坦然的“坦”，是希望你坦坦荡荡，从容淡定。

兔子找妈妈

亲爱的小兔子，今年世界博览会第一次在德国举办，爸爸妈妈格外繁忙。爸爸大部分时间盯在国内，妈妈得留在德国。万般无奈，妈妈只得对兔子爸爸说："老兔子，用个草筐把小兔子带回中国去吧。"兔子爸爸在上飞机前给你买了个折叠儿童车而不是草筐就把你带上了飞机。

11 个月的儿子离开了妈妈，从一个半球飞到另一个半球，转机两次，连续飞行 20 多个小时，才会到姥姥、姥爷和小姨表哥住的中国城市武汉。你走了快两个月了，尽管工作还是很忙，但对你的想念还是占了上风，妈妈求兔子爸爸："把儿子带回来吧，宁愿少工作一点，少挣一点。"

行李大厅里，你端坐在爸爸行李车的高筐上认真审视着皮带轮上转过的行李，一副可爱的小大人神态，妈妈示意老兔子把儿子先送出来，可老兔子偏偏不理会，直等到行李都齐了，你们才出来。我伸手抱你，你陌生地看着我，我热切地把你抱到怀里，你却哭着扑向爸爸，爸爸笑着把你放到地上，你定定地站住了，两只小脚并不往妈妈的方向迈步。我张开双臂迎接你，你迟疑片刻，转身又扑到爸爸的身边，大脑袋插在爸爸的两腿之间，两手扶着爸爸的腿，依偎着撒娇，把妈妈看傻了……

还是那个家，还是那些玩具，进了屋子你却感到很新鲜，原来你长本事了。床上地上爬上爬下，左边上了右边下，前边上了后边下，前一天爬床还需爸爸妈妈帮一把，过两天就压根不用了。最让我惊讶的是，你自我保护的本能，尽管在床垫上摇摇晃晃一个劲地往床边走，但走到床边你会自动坐下来，身子一翻，顺着床沿往下滑。

我把你放到钢琴凳上，发现你可以稳稳地自己坐在钢琴凳上弹琴了。刚开始你有些迟疑，妈妈还有些懊丧：得，把儿子送走两个月，他连钢琴都不弹了。过了两天，妈妈又惊讶地发现，儿子现在弹琴，已不再像过去一样扑在钢琴上一阵乱弹了，而是另一种风格。你温柔地、专注地用两只手的不同手指敲击琴键，给妈妈表演古典派，唯有一点是不变的，儿子表演时，没有观众是不行的，妈妈得站在一边，时不时地拍手捧场道：太好了，再来一个。有时妈妈激动了，还给你伴舞，儿子会从钢琴上抬起头来，笑眯眯地赞许妈妈。等你不想弹了，妈妈只需把钢琴凳稍稍移开，你屁股一翻，转身又下地了。

你有意识地模仿大人，大约是从1岁开始的。儿子能模仿妈妈是很大的快乐，拍桌子、拍凳子、拍手，儿子学得快得很，妈妈翻手掌跳舞，儿子也学会了，妈妈跳舞又扭屁股，走路还摔跤，儿子也要学，结果屁股还没动，就坐到地上去了，笑得妈妈前仰后合。不过，亲爱的宝贝，没几天后，妈妈发现你已能很自如地和着音乐扭屁股了。

你还喜欢搬大东西给妈妈，在后面厨房做事的妈妈经常会听到儿子噔噔噔的脚步声由远而近：“兔子，你又给妈妈送东西来啦？”你的手里总是捧着个让你的小身体晃晃悠悠的大玩具，急切地想给妈妈。有一次，妈妈灵机一动藏到了睡房的衣柜，你走过了厨房又寻到卧室，但你没找到妈妈，你转身又急急地走到黑着灯的浴室门口，就哭了起来，等妈妈赶到时，你捶打着浴室的门正伤心呢。我一把抱起你：“兔子，兔子，妈妈在这儿呢。”亲爱的孩子，看着你依恋的神情，我感到儿子又回来了，还是那个从妈妈肚子里钻出来的小兔子。

在幼儿园过灯节

因为妈妈患了癌症，外公外婆来到德国，一步一步“接管”外孙。渐渐地，接送思坦上幼儿园成了外公的“专职”。可是外公只会几个德语单词，因此，外公有时从幼儿园接回的不仅仅是小外孙，而且还有各种内容的小条子，如：亲爱的黄女士，思坦没尿片了；亲爱的黄女士，思坦今天吃蔬菜有过敏反应等。有一天，外公又带回一张小条，不是一两句话，而是满满一篇，外公好奇地问发生了什么事，我读完字条后，宣布是幼儿园要过灯节了。

到了要过灯节的那一天，偏偏我还有重要的工作要做，离家前，我急匆匆抓起幼儿园发的字条又读一遍，向外公外婆分配工作：“妈，请你炸一盒虾片，一盒春卷，春卷要保温，下午 4 点钟接思坦的时候要热的，带到幼儿园去。爸，麻烦你拿着这个字条到大街角那个便宜的美国店去，给思坦买个灯笼，最好别超过 10 马克。”出门时，身后是爸爸妈妈的笑声：“10 马克不就是 40 元人民币吗？在中国给孩子过节买东西也不止这点钱。”

下午 4 点 15 分，我紧赶慢赶到了幼儿园，幼儿园楼道的顶上、墙上，要么是一片片金黄暗红的落叶、沉甸甸的果实，要么是枯枝上已落上了白白的雪花，我诧异什么时候阿姨们已收掉了盛夏青山绿水的装饰，给整个幼儿园换上了秋冬的衣裳。但我来不及欣赏那些装饰，因为我得不断地和认识的家长及思坦的小朋友们打招呼，幼儿园里真热闹。到了思坦的班上，儿子从午睡房里冲了出来："妈妈，妈妈。"他一手拿一个大虾片，我眼前是个盛大的"宴席"，但我们的虾片、春卷已被抢光了。外公从午睡房里跟了出来，他得意扬扬地把我领到班里的大活动房："看这儿！"外公指着一根彩色的木杆，我看到拴在木杆上的彩色电线及电线那端的一个极小的灯泡。"还有这个！"外公又拿出一个彩色纸折叠灯罩，我看到摆在桌子上的十来个灯罩都是一个形状，但色彩各不相同，有花的、红的、蓝的……阿姨走了过来，指着有思坦名字的灯罩笑眯眯地对我说："梅女士，坦坦的灯罩是他自己选的喔，他一个劲地要绿色、绿色，还要一个绿色，结果他就贴出一个绿灯笼。"我仔细看了看儿子选的灯罩，看到他选的花青、山青等绿调子的灯罩面，微微的欣喜涌上了心头。儿子没有选花的或红亮的灯罩面，他的和别人的都不一样，他执着地选生命的绿色，还会选不同的调子，组成了一个不花哨但耐看的、有色调层次的灯罩面，妈妈很喜欢。

阿姨没有觉察出我的感受，她接着招呼我说："梅女士，您可以拿个盘子，选您喜欢吃的东西。您让坦坦带的虾片太受欢迎了，全抢光了，很遗憾您自己都吃不上了。"我这才想起过道里摆着的丰盛的"宴席"，的确应该好好品尝一下。过道的一排桌子上放满了各家大大小小的盘子，有各种沙拉，炸肉球，德国凉面，各种可爱的糕点，还有水果等，最吸引我的是一大盘阿拉伯米饭，那是个直径约半米的平板铁盘，约10厘米深，满满地盛着米饭，上面盖着一层去皮的杏仁和去皮的松子，最上面是数个烤鸡腿，这种阿拉伯米饭香极了，在聚会时碰上了，我总要好好品尝。这次我边吃边向坦坦的小朋友席娜的妈妈请教，因为席娜妈妈的头上裹着伊斯兰头巾，我猜那香喷喷的米饭就是她做的。席娜的妈妈告诉我，她来自叙利亚，她说许多阿拉伯国家都做这种饭，这是一种在节日里或庆祝时才会吃的饭，因为杏仁和松子都很贵，一般家庭不会每天都吃的。我想起坦坦带的春卷和虾片，都是最普通的小吃，心里有点不安。可是外公再次向我证实，恰恰是春卷和虾片很受孩子们的欢迎，很快就被抢光了。我又向阿姨询问灯节的来历，阿姨告诉我："古时有个叫圣·马丁的富人，心地善良，将自己的大衣分给穷人御寒，后来穷人选他做主教。为了纪念他，德国历史上就有了每年 11 月 11 日的灯节。"吃完饭，所有的家长和孩子，还有阿姨都排上队，孩子们每人提着一个小灯笼，我们围着幼儿园散步，在阿姨的带领下，所有的人都唱起了歌："我跟着我的灯笼走，我的灯笼也跟我走，天空是星星在闪烁，地上是我的灯笼在摇曳……"一遍又一遍。等到孩子们走累了，大家就唱："我的灯笼灭了，我们回家吧。"回到幼儿园，幼儿园的游乐场上已燃起了篝火，坦坦是班上最小的孩子，他兴奋地举着灯笼一直紧跟着大部队，后来他累了，我带他回家，一路上他还坚持举着他的灯笼。回到家里，我拿出儿童歌集，打开钢琴，兴奋地和儿子一起再唱那首歌："我跟着我的灯笼走，灯笼也跟着我走，天空是星星在闪烁，地上是我的灯笼在摇曳……"

几天后，我带儿子去朋友家做客，朋友的女儿 5 岁，坦坦和我又唱起了《我跟着我的灯笼走》，并问小姑娘会不会唱，小姑娘摇摇头说不会。我诧异地问："你在幼儿园没过灯笼节吗？""过了。"小姑娘肯定地回答，"但我们唱的是'灯笼、灯笼，太阳、月亮和星星……'"哦，原来过灯节的歌还有好多首，我们还要继续学……

生活沉吗?

每天早上，坦坦一睁眼第一句话总是：“妈妈，我喜欢你。”

是不是因为我这两天晚上都出去跳舞了，他感到了一些孤独和不稳定，想我了。

坦坦说：“在中国，有一天早上，我说要去看妈妈，爸爸不带我去。我伤心了。我想妈妈都想了很久了。妈妈，我喜欢你，我还喜欢爸爸。”

刚才坦坦刷牙，任性，非要很多牙膏，我不同意，他又哭了。他现在有些多愁善感，跟着我反而哭得多。我狠狠地打了他几下，说：“坦坦，你再哭，我不要你了，送你回中国，去爸爸那儿吧。爸爸一出差，一两个星期不管你，你只能跟着奶奶。”坦坦又哭了，摇着头说：“不，不，妈妈，妈妈，我要跟着你。”这两个月来，他终于体会到只有我会天天送他上幼儿园，天天接他回家。他爱爸爸，但他知道爸爸是不会像妈妈那样陪他那么多时间的。

每次我和坦坦说：“爸爸在中国，很远。”坦坦都会说：“是啊，我都伤心了。”

前两天，我突然跟他说：“坦坦，爸爸在中国，那我们在德国也找一个爸爸吧，这样你在中国有一个爸爸，德国也有一个爸爸。”

坦坦马上回答：“不，不。”

小孩子心里真的什么都明白。

我又问坦坦，两个人在一起好？还是三个人在一起好？坦坦说两个人在一起好。我又问："就我们两个，连爸爸也不要？"坦坦摇摇头："不要。爸爸对你不好。"

我默然，感到深深的悲哀，连儿子都知道他父亲对我不好了。

我机械地问："那谁对我好呢？"

坦坦回答："吉姆。"

昨天下雨，坦坦说："妈妈，天上的人都哭了。"

上周五从幼儿园接上他，我带他去图书馆。路上，坦坦盯着我的脚："妈妈，你又穿新鞋了。"我很惊讶坦坦的观察力，他对细节的观察能力比我强。

有时去幼儿园接他，坦坦突然委屈地说："你又是最后一个（其实我还不是最后一个）。"我很惊讶，他以前不会这样的，我去接他时，他总是还要玩一会儿，甚至有一两次，幼儿园要关门了，坦坦最后一个被阿姨带到门口等着我来接时，他还在唱歌，不感觉委屈的。现在他竟然感到委屈了。

坦坦的德语现在越说越多了。

昨天从超市回家的路上，坦坦又和我拌嘴，论点是：你挑选的东西我就喜欢吗？你选的东西我都不喜欢。儿子从一个小可人长大成和我生气拌嘴的小伙子了，在超市里买吃的、喝的、玩的，我从营养的角度要拿这个，他从好看好玩的角度偏要拿那个。更小的时候，要是不给他买他要的，他就在超市里大声哭，现在不哭了，就和我吵上了，真需要平衡自己啊。出了超市，我提着两个沉甸甸的购物袋闷着头往前走，过了一小会儿，坦坦小跑着从后面跟上来，主动要帮我提袋子："妈妈，我来吧，给我一个袋子吧。"

袋子相当沉啊。这是个普通的日子，我和儿子一起买吃的和日用品，我从一个袋子里拿出一包洗衣粉和柔顺剂，这个袋子就变得轻了一些，坦坦把袋子接了过去。

第十章

人生中场答卷

我患了晚期癌症之后，社会机构刚开始的时候颁发给我一本百分之百残疾者证书，几年后评定我为终身百分之六十残疾者，无论是百分之百还是百分之六十残疾，都意味着我可以享受社会救济和优待，我是不是该心安理得地拿着社会救济轻松度日呢？我的生命该怎样前行？

拿社会救济与向国家交税

我拿着德国护照，但我永远也学不会像一些德国人那样理所当然、心安理得地拿社会救济。在德国，领社会救济的人横一把椅子在劳动局的办公室里坐着，愤世嫉俗地指责政府不能创造出更多的工作位置，而且政府应该为国民创造出好的工作位置，清洁工、垃圾工当然是波兰人、南斯拉夫人干的职业，劳动局的工作人员必须耐心地听他们抱怨，小心翼翼地安慰他们。

芭比年轻貌美，她 28 岁完成了大学学业，刚工作了两年，30 岁的时候，她出了一场车祸，后遗症是双腿走路时不受控制，双手神经质般地颤抖不止，因为双手抖个不停，头脑的注意力也不可能集中。她父母的朋友是位音乐学院的校长，送了芭比一把手风琴，建议芭比去学学音乐，说练习弹琴的时候，也许能克服双手的颤抖，还能帮助大脑集中注意力，芭比的医疗保险为她支付学习费用。于是，芭比开始尝试学习拉手风琴，在她拉了 6 年以后，她的双手基本不颤抖了，注意力也能集中了。音乐让她的气质更佳，她获得了爱情，结婚了，她的丈夫是一位仪表堂堂而且收入不错的银行主管。如今，12 年过去了，芭比幸福地生活着，把家里料理得温馨舒适。为了过温馨高雅的日子，她决定不再工作，而甘愿被评为百分之百的残疾。芭比热爱艺术，因为她是百分之百的残疾，她出入美术馆看展览、出入音乐厅听音乐会都会获得优惠门票，而她的丈夫作为她这位百分之百等级残疾者的陪同人员则获得免票。芭比的手风琴拉得很不错了，她也完全可以胜任一些工作，但是她不再愿意工作了，她愿意就这样一辈子成为幸福的百分之百等级的残疾者。

每次我在美术馆或者音乐厅里碰到芭比夫妇，我都不知道自己是羡慕他们还是不满意自己，但是我内心深处也没有因为自己成功而有骄傲的感觉。

一只脚曾经踏入死亡之门，我更不能接受为了职业和收入去干自己觉得单调、无聊、不能施展的工作。为了干自己喜欢的事，必须有创意、坚定，并有一定的运气，我坚守了自己的文化业务。在做化疗的时候，我挂着24小时化疗的药水瓶子跑律师和公证处，注册了一个小小的文化公司，我没有拿过一分钱社会救济，反而为德国社会创造了工作岗位。在高失业率的德国，创造一个工作岗位意味着什么呢？当我小小的文化公司向德国的劳动局送发一份招聘时，我会马上获得劳动局详细的咨询，获得几十份、甚至上百份的求职申请资料，我想起吉姆找工作时投求职资料的情景……我从自己获得的那些求职资料中，一遍又一遍地看到了详尽的学历、工作经历描述、证书、质量不错的文件夹子……可以说，我面对的求职者以及工作中接触的人都是在德国被定义为“超质量”的人。德国社会发明了“超质量”这个词，特别定义那些获得了很高学位，但是得不到社会使用的人，比如博士，某单位确实有一个工作岗位，出于薪水要求等各方面的考虑，只聘用了一位硕士甚至一位本科生，那么这时，这位失业的博士就可以算作是“超质量”的人。我在德国对那些“超质量”的人失业的精神痛苦感同身受。温饱之苦与精神之苦，孰重孰轻？

开办一家公司，提供一个工作岗位意味着什么呢？我只有一家很小的文化公司，对此我只有相应的很小的体会，但是这种体会很直接。公司有会计、有税务师，每个季度、每年我都要在一堆报表上签字，搞清楚各种税对我来说不是难事，但是每次听德语的内容我都很头疼，尽管我的德国会计和税务师都很友好、很有耐心。我知道，一个公司就是要给国家交各种税，公司先给国家交税，剩下的钱才能给老板自己和员工发工资，员工的工资先要被国家扣除了所得税等之后才能到达员工的手上。

不管怎么说，即使我患了晚期癌症，即使我成了一位向国家交税的小老板，自己工作的时间越长、越辛苦，压力越大，我越能体会到吉姆的爱，我知道自己的博士学位、自己德语博士论文的发表、自己中文专著的出版都是吉姆当年用爱、用他向国家纳完税之后的工资来支持的，而且吉姆从来没有因此把我当成一个没有收入就必须做所有家务、伺候丈夫的家庭主妇。他对我的学业给予过尊重，有过自豪与关怀。当然，我因为没有生活的压力曾经也做了勤俭持家的妻子，但是时隔多年，我不能停止对自己的审问和批判。其实在吉姆面临失业压力的时候，没有给他足够的理解和支持的是我自己，原因至少有两条：一是我自己当时还没有经历过工作的辛苦，还不知挣钱的不易；二是我太自大了，没有足够的宽容，我觉得自己能力很强，我在骨子里的最深处没有接受吉姆，寻思他为什么连个工作位置都不能轻松保住。我还不想把自己缺少宽容这一点归于我没有宗教信仰，不过我去教堂的次数增多了。

也可能正是由于拥有过吉姆的那份爱，因为自己爱过而且还有爱，我成了一个不放弃的人。即使我患了晚期癌症，即使我成了一位直接的纳税人，我依然不能放弃自己的研究，我继续写文章、翻译书、写书。

大学的时候，我读过爱因斯坦在普朗克生日会上的演讲文章《探索的动机》，印象很深。爱因斯坦讲到，在科学的庙堂里有许多房舍，住在里面的人各式各样，而引导他们到那里去的动机也各不相同。有许多人爱好科学，是因为科学给了他们以超乎常人的智力上的快感，科学是他们自己的特殊娱乐，他们在这种娱乐中寻求生动活泼的经验和对他们自己雄心壮志的满足。在科学的庙堂里，还有许多人之所以把他们的脑力产物奉献在祭坛上，为的是纯粹功利的目的。爱因斯坦说，如果有一天上帝派来一位天使，天使会将以上两种人驱逐出去，尽管这两种人中有许多卓越的人物，他们对建筑科学庙堂有过很大的也许是主要的贡献，在许多情况下，天使也会觉得难以作出决定。但是有一点可以肯定，如果庙堂里只有被驱逐的那两种人，那么这座庙堂就不会存在，正如只有蔓草就不能称其为森林一样。因为，对于这些人来说，只要有机会，人类活动的任何领域都会去干，他们最终会成为工程师、官吏、商人还是科学家，完全取决于环境。

在爱因斯坦看来，哪些人是为天使所真正宠爱的人呢?

他们大多数是相当怪癖、沉默寡言和孤独的人，尽管有这些共同特点，他们又彼此不一样，不像被赶走的那些人那么彼此相似。究竟是什么把他们引到这座庙堂里来的呢？这是一个难题，不能笼统地用一句话来回答。首先，爱因斯坦同意叔本华所说的，把人们引向艺术和科学的最强烈的动机之一，是要逃避日常生活中令人厌恶的粗俗和使人绝望的沉闷，是要摆脱人们自己反复无常的欲望的桎梏。一个有修养的人总是渴望逃避个人生活，希望进入客观知觉和思维的世界，这种愿望好比城市里的人渴望逃避喧嚣拥挤的环境，而到高山上去享受幽静的生活，在那里透过清寂而纯洁的空气，可以自由地眺望，陶醉于那似乎是为永恒而设计的宁静景色。

在爱因斯坦看来，叔本华描述了科学探索的消极动机，除此之外，还有一种积极的动机。人们总想以最适当的方式画出一幅简化的和易领悟的世界图像，于是，他就试图用他的这种世界体系来代替经验的世界，并来征服它。这就是画家、诗人、思辨哲学家和自然科学家所做的，他们都在按自己的方式去做。这些人把世界体系及其构成作为他的感情生活的支点，以便由此找到他在个人经验的狭小范围里所不能找到的宁静和安定。

为什么我几乎长篇累牍地抄写了爱因斯坦的这段文字，翻来覆去地琢磨这段文字，这是因为我在患晚期癌症后，在作为文化公司的小老板自己养活自己和家庭的同时，我还进行着撰写、研究与翻译工作，出版了中文、德文近百万字，我也近百遍甚至近千遍地对照爱因斯坦的分类，自问过探索的动机，却没有给自己的动机找到一个单纯确切的答案。

活着是什么？怎样活着？

世界上的人活得很不同，活得天差地别吗？

活着是什么？

怎样活着？

以上这些问题在 25 岁出国留学之前我没有认真想过。

从我 5 岁记事开始，爸爸妈妈作为双职工的工资都是每月 45 元人民币，两个人的工资合起来每个月能买 150 斤猪肉。后来父母涨过一次工资，到我离开家乡去北京上大学时，两个人的工资合起来每个月能买 200 斤猪肉了。后来我出国了，父母退休了，他们告诉我，他们的退休工资合起来每个月还是能买 200 斤猪肉。小时候，隔壁邻居多是父母国有大单位里的同事，日子过得都差不多，很多人家里有台缝纫机，有一辆或者两辆自行车，后来有的人手腕上戴上了亮闪闪的手表，而买手表的钱都是省下来的，那些人家的孩子们早上吃的是用酱油泡的前一天的剩米饭，然后上学。我家也有一台缝纫机，逢年过节爸爸裁、妈妈缝，我有新衣服穿，但是我家没有自行车，父母每天走路上班，上班前妈妈每天早上给我吃泥鳅汤面或者鸡蛋汤面，然后我再去上学。我的父母手腕上没有亮闪闪的手表，但是家里买了一台留声机，不仅亮闪闪的，还能放唱片，孩子们都围到我家来听音乐。我考上了名牌大学，父母为我买了一块手表，我成了家里第一个戴手表的人。到了北京，我的大学同学都穿得差不多，用的也差不多……我上了大学又上研究生，所有的研究生都是拿国家每月几十元的奖学金，我觉得同学们过的日子也都差不多。

从我到达德国留学开始，我曾经读到和看到的西方生活慢慢变成了生活中的真实，我才真切地感受到生活的差别。

教德语的美丽和气的女老师，一天换一身衣服、一天换一套首饰，每天都是一道风景线。我天天换衬衣，但是外套永远都只有一件牛仔服。

我在高速公路上拦车旅游，好几次都坐上了豪车，车速开到 220，车身稳如磐石。开车的人镇定自若，示意我车速极限可以开到 260。

过圣诞节，教授家里请客，一栋小别墅，客厅里的吊灯和凡尔赛宫里的吊灯当时在我的眼里只有大小的区别。

而刚到德国的我，是属于马路边捡东西活着的人。

学生宿舍的自行车棚里经常有被丢下不能骑的自行车，热心的男生弄来两三辆，拆东补西就帮我组合成一辆还能骑的车。

德国人的旧家具只能在规定的日子扔到街上，会有车来运走，在这些规定的日子里，我骑着自行车沿街挑选，没有费多少工夫，我捡到一台 17 寸的彩色电视机。回到宿舍插上电源就能看，就是有些旧了。

初到德国的我发现了不同的生活，但是作为学生，我对此的感受不可能很深，因为我很快就勤奋地打工挣钱了，我在学生中不是最穷的。后来我又和吉姆谈恋爱了，吉姆有收入，家庭又不错，我很快进入了一个衣、食、玩不愁的生活状态，对别的生活状态的感受又淡漠了。

我是中国著名大学出来的浪漫女孩，在大学里接受的是理想教育、学业教育，但是没有接受职业教育。我大学毕业了将接受国家分配，我无法选择工作，工作来选我。好在我考上了自己喜欢的专业的研究生。毕业后在中国，我只在外文杂志社工作过一年，一周开一次会，一个月组一篇稿，一年出一个广告专刊，靠自己拉广告挣到了比一般人多 10 倍的工资，用这个钱买了国际机票我就出国了。出国后，我打工，深夜蹦迪，高速公路拦车旅游，期待西方王子出现，有浪漫的爱情……后来我和吉姆结婚了，吉姆从小就受到职业教育，他会英语、德语、意大利语、西班牙语等 7 种语言，他读小说都读原文，他还写过小说，但是上大学时，他既不学文学，也不学语言，他学土木工程了，为什么？为了职业。吉姆所受的教育是，人首先应该有一份职业。我拿到了博士学位，仍然没有工作，我也不急于找工作，我应中国的邀请开始撰写一部学术专著，中国给的稿费，换算成马克正好够我回国交稿来回一次的机票，我梦想在德国建立一个中德文化比较研究所，不上班而做白日梦。吉姆说，梅啊梅，你学我的土木工程就有班上，你学了艺术，艺术教育专业连德国人大部分都没有班上，你去哪儿上班呢？

在德国，艺术史以及和艺术相关的很多专业被称之为“失业专业”，毕业后很多人找不到工作，更何况我是中国人。与艺术相关的专业在德国又被称之为“富有太太专业”，因为很多女士学这些专业是为了变得有修养、有气质，毕业后成为阔太太是很合适的。本来我也成为准阔太太了，如果没有经济危机，如果吉姆的工作岗位不受到冲击，吉姆对我是否有工作是持无所谓态度的，我出版了中文专著，吉姆也很自豪。其实，我回国交书稿是吉姆掏的路费，我自己的稿费用来孝敬我的父母了。因为出国前我研究生毕业第一个月的工资给父母买了彩电，出国后我反而没有孝敬父母了，我心里很惭愧。后来经济危机出现了，吉姆受了刺激，他从小在优越的条件下长大，完全不知怎样面对危机，面对可能的失业，如果失业了他只够一个人去世界旅游的钱，他觉得带不动我了，养不活我了，我和吉姆分手了。我也受刺激了，不工作就没法活了，我必须工作了。

在和吉姆分居以后，我不再写专著，我放弃了创立一个中德比较文化研究所的梦想，也不再做被养着的家庭主妇，我在柏林四处找工作。很快，我在德国一家做国际培训的公司找到了工作，这是我在德国的第一份工作，收入不低。但是我不满足于这份工作，我攒足了路费就想回中国，脑子里都是与中国和艺术相关的创意。我利用休假在国内讲学，立即有国内的同行请我做美术展览，展览完了照例要在欧洲转转、看看，这些业务我刚开始还和德国公司一起做，我拿工资，业务算公司的。没过多久，我自立了，不仅做展览，还创立了我梦想的中德艺术节。

事业扬帆起航，但是一切的重担也压在我肩上。

患了晚期癌症，动过大手术后的我怎么办呢？

工作、工作、工作，我在癌症的手术台上还想着工作，我是工作狂吗？不是。我是中国培养的工作模范吗？也不是。那我怎么简直死到临头还想着工作？因为我喜欢我的工作，我还必须工作，因为我不工作就不会有收入，两个原因加在一起，工作的动力是双倍的，动力之大让我忘记了癌症与死亡，也走过了当初云和妹妹给我造成的痛苦。

吉姆和我结婚后，我没有像德国习俗一样随夫姓，而是像新中国习俗一样保留了自己的姓名。我在德国办事的时候，如果提到丈夫的姓“好房子”，对方就会亲切地称呼我为“好房子夫人”。我刚开始不适应自己是“好房子夫人”，但是时间长了，我试着适应德国人称呼我为“好房子夫人”，并试着在电话里直接通报自己是“好房子夫人”。我发现，尤其是在电话里，德国人称呼我“好房子夫人”，声音就非常友好，非常亲切，少去很多陌生感。

当我离开了德国丈夫，要以自己的中国名字来面对所有的一切时，真的很难，我感到这个国家和我的距离又拉大了。

离开了德国丈夫，生了一个中国人的儿子，患了晚期癌症，动了三次大手术，这些成了我的命运。命运并不改变人生的责任，除非你放弃承担，责任很多时候会使人疲惫，我舍不得死，渴望活下去，除了承担责任之外。想活的最原始动力是我还有自己的梦想。

做人的另一些东西，我却是不需要询问动机不需要寻找答案的。

我 16 岁上大学后就没有和父母一起好好生活过，出国后就没有和父母一块儿好好过过年。年轻的时候，对这一切好像也不在意。没有想到人到中年，我慢慢开始在意起这些。12 年前，父母从国内飞到德国照顾我，正是病魔给我送来了和父母的团聚，让我重归父母的怀抱。正是父母在德国照顾我的时候，老家传来了父母终于能分得并购买新房的消息。这些年，国家发生了翻天覆地的变化。如今，父母终于能够买新房了，我能帮忙了，我毫不犹豫地拿出自己在德国准备首付买房子的钱先为父母买了最大的房子。十多年过去了，最大的幸运是父母依然双双健在。我的父母年纪大了，在中国大型国有企业辛苦了一辈子，我要让父母过无忧而快乐的晚年，不能让白发人送黑发人就是我挣扎要活下去的动力之一。我总记得和吉姆结婚的时候没有舍得让父母去欧洲的事，我希望自己的父母因为有我这个女儿，也能像我在德国看到的满车满车退休的老人一样，经常到处旅游，游遍全中国，也看看欧洲，看看世界。

不能让才一岁多的儿子没有母亲，这是我当时想活下来的最强大动力。十多年过去了，我带儿子回中国上完了小学，让他打下了中文和中国文化的根基，又把儿子送回了德国，上爱因斯坦曾经上过的中学，他快要毕业了。

人生有时候像场考试。

十多年过去了，我在北京和柏林各有一个家，像候鸟一样工作。

做过十多个美术展览，出版过十多本画册。

做过 100 场音乐会。

翻译出版过两本专业书。

出版了两本小说。

做了 16 届每届规模为近千人参加的中德青少年艺术节，中央电视台对此报道过两次，德国电视台报道过三次。

36 岁本命年患晚期癌症，命运还让我成了单亲母亲。十多年过去了，当我百易其稿，交出这本书的时候，我感觉有点像完成了一场人生的考试，但绝对不是“终考”，而只是“中考”，我交出了一份人生的“中考答卷”。

我很难说自己对这份答卷是否满意，但是我很清楚，今后的人生会有新的内容。我深深爱着中国和德国这两个国家，深深爱着生命，我开始徒步行走德国的父亲河——莱茵河，开始徒步行走中国的母亲河——黄河，希望生命在这两条河流加起来的双倍的养分中获得滋养，希望交出一份更好的人生终考答卷。

感恩写作，它真的具有疗伤的作用。当我完成这本书，尤其是这本书又慢慢获得回响获得认可的时候，我发现书中的过去就离我远去了。

天空已重放异彩。

生命之岛依然宽阔深远……

后记 在绝望中寻找希望

5年前，我出版了薄薄的自传体小说《结婚话语权》，在写作第二本小说的时候，一位做出版的朋友鼓励我直面人生，用第一人称书写自己的经历，鼓励更多的人“在绝望中寻找希望”。这就是呈现在您面前的这本《向死而爱》。

《向死而爱》是我患癌之后人生状态的写照。

在这本书里，我公开了我的部分人生，写作的过程中自然会想到很多人，他们给予过我支持、鼓励和友谊。当我把这本书的部分德文翻译稿首先发给迪特，请他有空帮助我润色一下德文，并问他能否帮我联系一下德国出版社时，没有想到，邮件发过去，迪特立马就来了电话，他在听筒那边大声说：“上帝啊，梅，我读了你的书，太震撼了。你有那些经历，我们认识多年我却根本不知道，我们必须马上见面。”迪特和玛格丽特夫妇都是德国自然科学研究所的研究员，十多年中，我们一起转过柏林所有的探戈舞厅，我以为他们或多或少也知道我的经历，原来他们并不知道。在德国，用德语，我的确几乎没有向谁当面说起过我的故事，哪怕是对共事多年的朋友。迪特促使我动了念头，《向死而爱》要出版之前，我把本书的部分德语和英语翻译发给法国女艺术家、色彩女神朱莉特女士，资深艺术家、意大利那不勒斯美术学院教授葆拉女士，全联邦德国手风琴总会副主席、德国最高荣誉——德意志联邦共和国十字勋章获得者海蒂女士，希腊自由爵士之父、跨界艺术家弗洛斯先生，柏林欧芬尼亚手风琴乐团指挥梅尔茨女士，德国国家科学研究院的两位研究员、探戈舞者迪特和玛格丽特夫妇，俄罗斯艺术科学院院士谢尔盖·道茨先生，瑞士艺术家夫妇简碧青和法比安·穆勒，德国著名编剧、导演珍妮·米瑞菲教授……我告诉他们：无论在工作中还是作为私人朋友，其实我感觉有时候我不能做到完全自在，其部分原因就是因为我个人特殊的经历，这些经历很少有人知道，当我把这些经历写成书的时候，我反而自如了。现在我向你们敞开心扉，也希望获得你们的反馈。

中文的版本我第一个发给了我的导师李泽厚先生，还发给了著名艺术史学家、美术评论家易英老师，女艺术家的前辈代表何韵兰老师，我的大学同学、北京光华管理学院教授徐信忠……这些都是我敬重的人。

这些朋友的反应比我期待的要快。他们的评价一方面让我多次落泪，另一方面他们的文采又让我多次开怀大笑。在此，我要向他们真诚地致谢。

一次，我和好朋友梅尔茨谈起了黑塞（Hesse），她向我推荐了黑塞的几首诗，我喜欢上某一首并把它翻译成了中文：

人生阶段

如所有的花朵都会凋谢
青年会取代老年
但生命的每个阶段都会绽放
每一种智慧都会绽放
每一种品德都会绽放
但只是在属于它的年代

不必永垂不朽

这颗心，面对生命的每一次召唤
同时已经准备好告别
并重新起航
为的是保持活力
并也没有悲哀
将新的纽带交予他人

法师会在每一个开端
给予我们保护给予我们帮助
我们应该高兴地从一个空间奔向另一个空间
但对任何一处都不像对家乡那样牵挂
探索世界的精神既不想束缚也不想限制我们
它只是想将我们一级一级地抬升、拓展

我们才刚刚回到家乡
形成一个亲密不离的圈子
就受到警示
只有准备好重新踏上路途的人
会摆脱懒惰的习惯

也许死亡的钟点也将来临
那里为我们构筑了新的空间
但生命的召唤将永不会终止
再见！这颗心，保持了健康并作出了告别！

这是一幅 80 厘米 × 120 厘米的油画。画面中的两个女人都是我。这幅画在我柏林的住所悬挂了二十多年了。

离开德国丈夫时，我一无所有，只有这张油画。

在油画中，正面的女人身穿着传统湘绣宝蓝色旗袍，静坐在椅子上，面部表情端庄，凝视着前方，出淤泥而不染的荷花开在画面前方。背面的女人犹如一尊希腊雕塑，感性沉醉地回头，身体是裸着的，头结是火红的，与身着旗袍的女人的素白色头结形成鲜明的对比。她站立在睡莲湖中……

无论是穿旗袍还是裸体，甚至是患了癌症，精神，总在那里。

油画下角有画家韩玉龙 1996 年创作时的签名。韩玉龙是中国美院的高才生，旅居法国的画家。

人生渴望分享，尤其是对特别的经历。

感谢天地出版社，特别要感谢负责出这本书的张万文先生和责任编辑陈素然女士，自从本书的出版合同签订之后，他们建立了一个“黄梅老师图书出版群”，在这个群里面不断商讨本书的修改、定稿、怎样宣传，书名、副标题、章节标题、章前语、封面……编辑一遍遍读我的书，给我修改任务。我曾经有十多本专著、译著和主编的画册被出版，但是第一次与出版社一起切磋这么多，有时候我有些烦恼，但是随着时间的推移总能够化解，因为说到底是编辑和出版社希望出好这本书，而我是作者。还要特别感谢极力推荐这本书出版的朋友海珍，她付出很多精力与智慧，为这本书献计献策。

2017－2018 年于北京和柏林